U0940805

LANDSCAPE 感悟

环境文化学研究会
章俊华
著

中国建筑工业出版社

前言

古代四大文明的发祥地已不是昔日的森林，其中古埃及文明地已是撒哈拉大沙漠，古苏美尔文明地已是沙漠化的美索不达米亚，而黄河文明的环境也日趋恶化。此外，被誉为丝绸之路的绿洲，如今也被无情的沙漠淹没。难道文明前的森林绿洲，文明后变成了沙漠的现实，意味着文明的进步等同于自然的破坏吗？

联合国哥本哈根气候大会预示着今后人类面临的是一个新的时代。胡锦涛主席在新中国成立60周年庆典的讲话中明确提出："中国是一个负责任的大国"。那么我们规划设计师应该如何面对这一新时代的挑战呢？还能说"以不变应万变"吗？还能只强调设计师在作品中的所谓自我表现吗？还能将基于人道主义的"以人为本"曲解成自私的个人主义设计原则吗……？已经到了我们每位设计师需要重新审视自身环境意识的时候了。为此，本书将从以下5个方面，阐述著者各自的专业观点及自身的思想感悟。

1. 由排污权交易制度而想——实现低碳社会

"低碳社会"不知不觉已走进人们的日常生活中，那么我们设计师又能在其各自的角色中起到怎样的作用呢？如何看待全球温暖化与京都议定书？清洁开发的机制又是如何？由此形成的排污权交易制度是否能成为今后的绿色产业？什么是空中权转让？企业在这一突飞猛进的变革中又肩负着怎样的社会责任……？为此，让我们看看邻国日本在这方面的"成"与"败"。

2. 责任时代

可以基本断言设计随心所欲的自我创新时代已将成为过去，取而代之的是责任时代。那么，难道设计师将永远失去自身的创作自由了吗？回答当然是“NO”！时代要求我们更加领悟“地”的记述，“场”的感悟。投身环境意识的革命，最后用尝试与反思，挑战与机遇两部分阐述作者本人的实践与尝试，并通过儿童画中对日常生活的表白与态度，揭示人类最基本的行为规律。

3. 雕塑——景观

如果说彼得沃克的设计风格受益于艺术抽象画，那么雕塑与景观似乎已成为不可分割的“共同体”，他极力推崇大地景观的艺术化。本节通过雕塑概念、简史、分类，记述其发展的每一阶段；通过雕塑到景观的历程，描述依托于景观的雕塑，融于景观的雕塑；最后用植根于大地的艺术——新潟大地艺术展的作品，追溯“艺术的延伸”——大地景观。

4. 信息媒体与景观

信息社会给人类带来史无前例的“大跃进”、“大变革”，同时也彻底改变了人们的日常生活行为，由此而生的“时间地理学”就可谓其中的产物之一。那么信息媒体与景观存在怎样一种关系？景观媒体的机能、影响力、活力又是怎样？数字化时代的景观设计看似与设计无关，但实际上却蕴藏着密不可分，千丝万缕的“关系”。

5. 设计中的速度，速度中的设计

现代化社会的特征之一是信息，而信息的代名词又可以称之为“速度”与“便捷”，进而产生了更加舒适、方便的工作、生活环境。那么是否也带来了更丰富的社会情感呢？答案可以说“是”，也可以说“不完全是”。想知道速度对设计的挑战和影响吗？速度背景下的现代景观又如何呢？面对速度，我们能做什么？现代生活中是否永远离不开“Slow Space”？

章俊华

2010 年 6 月于千葉松户

目录

1 由排污权交易制度而想——为了实现低碳社会/张 安

2 责任时代/章俊华

3 雕塑 → 景观/高若飞

4 信息媒体与景观/张清海

5 设计中的速度，速度中的设计/张云路

G8峰会于2009年7月在意大利召开，会议的主题之一是如何抑制全球变暖。8日发表的声明中，G8提出愿意与其他国家共同努力以实现至2050年全球温室气体排放量至少减半，并且发达国家排放总量减少80%以上。而在世界舞台中占有不可动摇地位的中国在这次会议中也显得越发重要。

控制温室气体排放的条约最早可以追溯到1997年制定的《京都议定书》，其中最为重要的是提出了较为软性的用于削减温室气体排放的经济措施——"京都机制"。在《京都议定书》中，明确规定了各个发达国家的温室气体排放量的削减数字目标。但是，由于在日本这样能源利用效率较高的国家内施行削减很难达成最终目标；此外，在能源利用效率较低、改善较有余地的国家内施行温室气体排放的削减，其成本会相应降低，所以机制中也允许跨国温室气体削减项目的投资。这就产生了"排污权交易制度"这个概念，而中国在改善能源利用及出售排污权赢取外汇等方面成为京都机制的最大受益者之一。

众所周知，抑制全球变暖的关键是减少温室气体的排放抑或是增加温室气体的吸收。在后者上，园林景观行业通过植树造林、森林及大树保护所作出的巨大贡献是不容置疑的。而对于前者，园林景观行业通过运用排污权交易制度，究竟能够做些什么呢？

本着这一想法，笔者在第一章中主要介绍排污权交易制度及国际排污交易的概要，其后引申出第二章的空中权转让（制度性变通）与其在建筑及城市规划领域中的应用，及第三章的企业社会责任（技术性运用）与其在园林景观中的应用。试图从制度与技术的两方面对排污权交易制度作一些初步的探讨，希望能够抛砖引玉，得到各位学术专家以及在一线工作的规划设计师们的宝贵意见。

1

由排污权交易制度而想

——为了实现低碳社会

张　安

蓝色地球
（参考 http：//orihalcon.jp/ 中图像作成）

1.1 排污权交易制度（Emission Trading）

1.1.1 全球变暖与京都议定书（Kyoto Protocol）

18世纪产业革命以来，人类通过使用石油、煤炭等化石燃料，进而获取能源以追求生活便利。在重视经济发展的同时，我们对于其副作用的产生，即对于地球环境的影响却很少有所顾及。其结果就是引发了现在被称作为地球变暖的这一类全球性问题。

所谓地球变暖，就是人类在生产消费等过程中所大量排放到大气中的“温室气体”，如二氧化碳、甲烷、氧化亚氮等使得地球全体的温度上升的现象。原本，温室气体对于地球温度的维持是起到积极的作用，但是由于产业发展以及对于森林的过度破坏，导致现在大气中的二氧化碳含量较200年前相比增加了约三成。而温室气体在大气中的含量增加，使得对于源自于太阳光及红外线

工业化的象征——烟囱（引自 http：//shockatz.jugem.jp/）

等的热量储备能力得以增加，从而在全球规模上导致了气温上升，即温暖化。

据预测，如果还是按照现在的产业发展趋势而不采取任何措施，有可能在 100 年以后地球的平均气温将上升 2.4 ~ 6.4℃。这将影响到气候变化的调节机制从而导致产生各种异常气象现象，这将对于生态系统及人类的生存环境、农业等一系列的根本问题产生不可预计的影响。具体来说，将会产生由于冰川融解而导致的河岸线上升及国土的消失、生物多样性危机、公害问题的扩大、人类死亡几率的上升及传染病危险地带的增加等。

在抑制全球变暖之一问题上，不是单靠某一个国家就可以解决的，这需要全世界各个国家的群策群力。

1997 年 12 月，联合国气候变化框架公约第三次缔约国会议在京都召开，会议中签署了《京都议定书》。其具有两项重要的意义，一是制定了发达国家的温室气体削减的具体目标，二是认可了排污权交易制度。

栖息地受到威胁的北极熊（引自 http：//ebisu.net/xoops/）

1.1.2 京都机制（Kyoto Mechanism）

在《京都议定书》中，制定了以削减温室气体为目的的排污权交易制度，这些制度又被称之为京都机制。

所谓京都机制是指，批准《京都议定书》的发达国家为达到削减温室气体的排放而设置的一种弹性措施。根据与发展中国家的协作体制及活动内容可以分为以下三个制度：(1) 发达国家之间温室气体的“国际排污权及额度交易机制”(IET)；(2) 和其他发达国家一起在共同实施削减温室气体排放的基础上，彼此分摊排污权的“共同实施机制”(JI)；(3) 通过对发展中国家技术援助，将其削减部分纳入自己排放范围的“清洁开发机制”(CDM)。

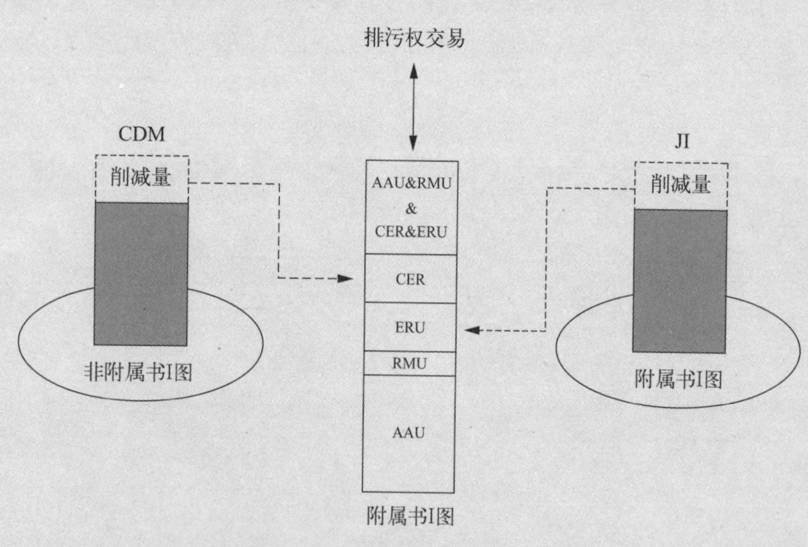

京都机制示意图
(根据参考文献 1，P26 中图表作成)

就排污权交易制度的原理来说，可以参照下图。它是一种以市场为基础的经济政策和经济刺激手段，排污权的卖方（B）由于减排而剩余排污权，出售剩余排污权获得的经济回报实质上是市场对有利于环境的外部经济性的补偿；无法按照规定减排或因减排代价过高而不愿减排的买方（A）购买其必须减排的排污权，其支出的费用实质上是为其外部不经济性而付出的代价。排污权交易以追求最大的成本效益为原则，在价值取向上较好地把握了公平与效益这一对矛盾的平衡，可以刺激环境保护工作的开展。

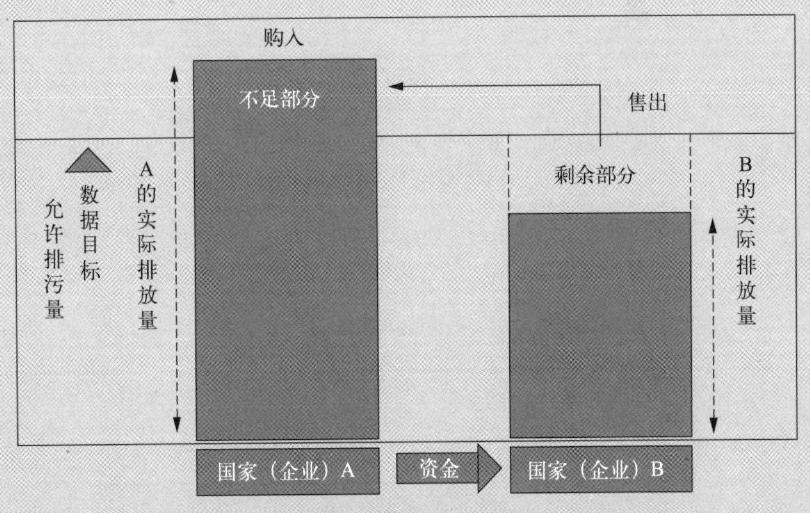

排污权交易制度的原理图

（参考ダイヤモンド·ガス·オペレーションHP中图表作成）

1.1.3 清洁开发机制（CDM）

与国际排污权及额度交易机制（IET）、共同实施机制(JI)、发达国家间的排污权交易体制相比，清洁开发机制（CDM）是指具有削减温室气体义务的国家（发达国家）可以购买没有义务的国家（发展中国家）的排放额度的制度。比方说，有时可以在媒体上看到诸如日本购买了中国10万t CER（1 CER即1t二氧化碳）。这样的消息，换而言之就是日本帮助中国削减了相当于10万t的二氧化碳排放。

同样额度的投资，在能源利用效率相对较低，温室气体控制排放技术相对落后的发展中国家中的温室气体削减额度相对来说会比发达国家高，也就是说投资回报率较高。CDM的开展，有助于迅速并且较为有效率的控制温室气体的排放。

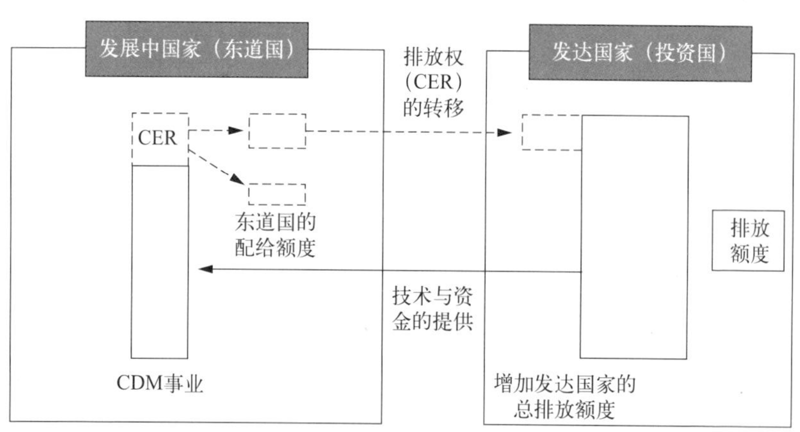

清洁开发机制示意图

（根据参考文献1，P53中图表作成）

（1）CDM 的现状

2007 年 CDM 的市场规模推测在 130 亿美元以上。2008 年的统计表明，联合国气候变化框架公约组织有千件以上的 CDM 事业已经得以登记，主要是生物质能（Biomass）、水力及风力等可再生能源项目。

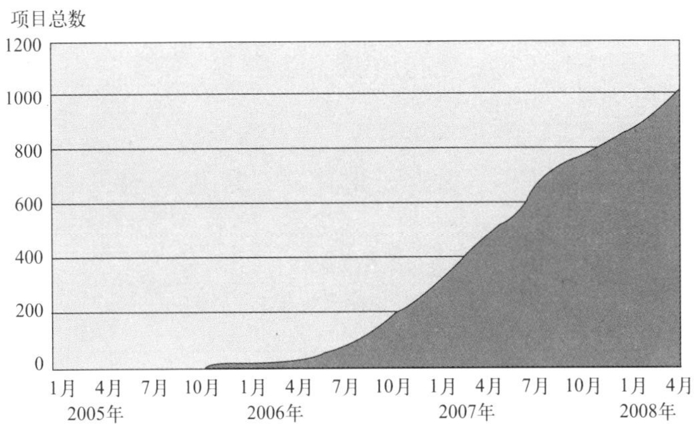

CDM 的项目总数推移
（根据参考文献 2，P109 中图表作成）

从国家来看，英国登记数超过 800 件，大幅度超出第二位的日本（近 300 件）。英国已经超额完成了温室气体的削减指标，如今正在以转卖 CER 为目的而开发 CDM 项目。

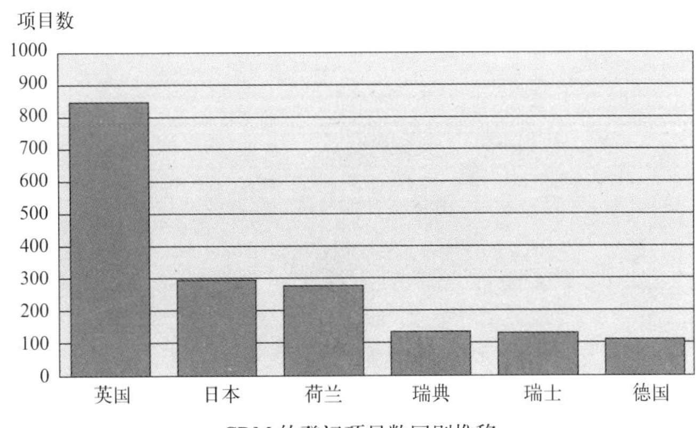

CDM 的登记项目数国别推移
（根据参考文献 2，P109 中图表作成）

（2）CDM 的种类

联合国根据专业领域对于 CDM 项目的种类进行了划分。

领域编号	专业领域
1	能源
2	能源供给
3	能源需要
4	制造业
5	化工产业
6	建设业
7	交通
8	矿物及矿物生产业
9	金属产业
10	燃料（固体，石油，煤气）的泄漏
11	卤类碳化物及六氟化硫在生产消费中的泄漏
12	溶剂的使用
13	废弃物的处理与处分
14	植树造林
15	农业

联合国的 CDM 分类（根据参考文献 2，P124 中图表作成）

但是这样的划分方法比较难以理解实际 CDM 项目的具体内容，在此将 CDM 项目分为了可再生能源、温室气体的处理、化石燃料的有效利用，燃料转换及碳汇（Carbon Sinks）这 5 类。

总分类	副分类	登记件数	占全体的比率（%）
可再生能源	水力	221	19.8
	生物质能	215	19.27
	风力	148	13.26
	其他的可再生能源	12	1.08
温室效应气体的处理	甲烷的回收处理	286	25.63
	氧化亚氮的处理	35	3.14
	氢氟碳化物的处理	18	1.61
化石燃料的有效利用	废热回收	73	6.54
	省能源	71	6.36
	交通	2	0.18
燃料转换	燃料转换	34	3.05
碳汇	植树造林	1	0.09

CDM 种类的比例（根据参考文献 2，P124 中图表作成）

①可再生能源

可再生能源发电是最具有代表性的CDM项目，具体有风力、水力、生物质能、生物燃气、太阳能发电等形式。在使用化石燃料发电的区域中如果采用上述的发电形式，将会有效减少二氧化碳的排放量进而得到CER（排放权）。此外，不仅有发电，还有利用热能的项目。

②温室效应气体的处理

通过破坏甲烷、氧化亚氮、氢氟碳化物等温室效果较高的化学物质，也可以得到CER。其中氢氟碳化物的温室效果特别高，有的种类是二氧化碳的1万倍，但是产生上述化学物质的企业趋于减少，今后这样的项目也会呈减少趋势。

③化石燃料的有效利用

具有中小规模削减效果的项目，诸如省能源、能源回收等项目正在呈增加趋势。其种类牵涉省电路灯(LED)的使用，新型涡轮发电机的引进等各种行业及项目。总体来说削减效果都在数千吨左右，但是也有钢铁企业通过回收高炉余热进而发电供给外部的大型案例。

④燃料转换

根据化石燃料的种类不同，其燃烧后的二氧化碳排放量也会不同。煤炭最多，其次是重油、轻油、天然气。由煤炭转化为天然气的大型项目中，可以得到削减100万吨二氧化碳的效果。其中，原子能发电还未得到CDM项目的承认。在城市中所实施的由柴油引擎车转为生物柴油引擎车的CDM项目，可以大幅度的改善大气污染。

⑤碳汇（Carbon Sinks）

碳汇是指将二氧化碳通过森林吸收或者是地下掩埋而将其永久储存的方法。

（3）中国 CDM 的现状

中国现在制订有《CDM 项目运行管理办法》，完善了项目的批准体制，在亚洲是具有一定评价的 CDM 东道国。另一方面，中国政府设定了排放权交易的指导价格，期货市场交易规定在 10 美元 / 吨二氧化碳以上，今后指导价格还会有所提升，预计将会达到 8.5 欧元 / 吨二氧化碳以上。

①项目开发的现状

中国 CDM 项目的开发件数正在急速增加。至 2008 年 6 月 24 日第 49 届审查会为止，国家主管机构已经批准了 1388 件项目。主要是水力发电、风力发电、生物质能发电等可再生能源相关的项目，其中水力发电占一半以上。

随着开发件数的激增，在联合国的登记件数也达到了 210 件，占全体的近 20%，居印度之后列第二（2008 年 5 月 9 日）。

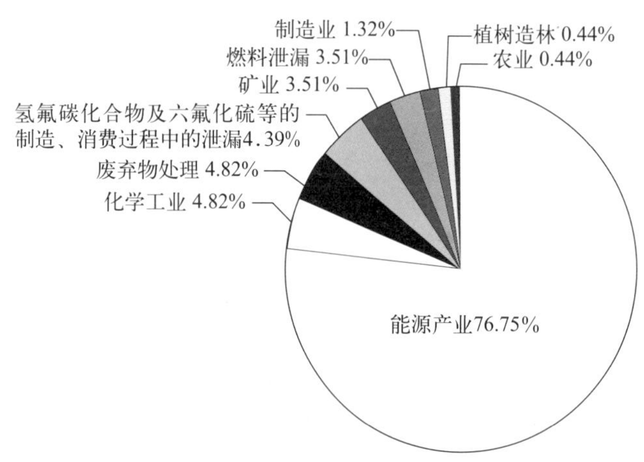

中国已登记的 CDM 项目分类与比例
（根据参考文献 2，P141 中图表作成）

②支援中国 CDM 项目的发达国家

几乎所有的中国 CDM 项目，都得到了发达国家的技术、资金提供以及购买排放权等各种形式的支援。支援中国 CDM 项目的主要有英国、荷兰、瑞典等欧洲国家，此外日本有 34 件（2008 年 5 月 9 日），排在英国与荷兰之后。

③ CDM 的管理机构

中国在 CDM 项目开发中，政府机构起了决定性的作用。国家主管机构是国家发展和改革委员会(NDRC)，此外由国家 CDM 审核理事会（National CDM Board）与国家 CDM 基金审核理事会（National CDM Fund Board）构成了国家气候应对变化领导小组（NLGCC），以上组织各有机能分工。

④ CDM 项目运行管理办法

中国为了强化 CDM 项目的管理，2004 年 6 月 30 日公布发表了《CDM 项目运行管理暂定办法》。此后在听取了国内外专家学者的意见以后，于 2005 年 10 月 12 日正式公布发表了《CDM 项目运行管理办法》。该管理办法明确了许可条件、管理和实施机构及实施程序等具体款项。

其中 CDM 项目的重点领域为提高能效、开发利用新能源和可再生能源、回收利用甲烷和煤气层为主。转让减排量所获得的收益归中国政府和实施项目的企业所有。

中国的 CDM 开发以往主要是外国企业、机构主导，随着 CDM 相关信息的普及以及人才流动，中国本土的地方 CDM 中心、咨询机构及运营机构也开始承担起了重要作用。

1.2 空中权转让在建筑及城市规划领域中的应用

不仅是在排污权交易制度方面，在与环境方面相关的“交易权（Tradable Permits，简称 TP）”上，可以追溯到 19 世纪美国及澳洲的河水用水权交易，甚至是 16 世纪西班牙的灌溉用水权交易。此类交易权除了前述的水资源管理方面以外，还涉及水质保护、大气保护、渔业及土地利用管理等方面。就土地利用管理来说，主要是与开发权相关的交易制度，可以运用于森林、农地、流域、风景等的保全，减缓或减少开发所带来的负面压力。下文就空中权转让在建筑及城市规划领域中的应用作一些介绍。

1.2.1 空中权与东京车站复原工程

所谓空中权（Air Rights），即同一规划区域内的未使用建筑容积的开发权（Unused Development Rights）。也就是采用所谓的转

东京车站复原场景

让开发权 TDR（Transferable Development Rights）的手法，根据相关的规划条例将历史性建筑物（包括农地、空地等，被区域居民认可为具有公共效益的场地及建筑）的未消化容积加算到其他建筑中的权力。

1963 年美国纽约的泛美大厦（The Pan Am Building）就是利用了邻近建筑——中央车站（Grand Central Terminal）的未使用容积而建成的典型案例。此后，空中权的交易范围也由邻近建筑发展至同一规划区域，1990 年洛克菲勒中心甚至尝试跨越街区的交易模式。

在日本，1914 年由东京帝国大学校长辰野金吾设计的作为日本铁路历史起点的东京站，是明治大正期的代表性建筑。1945 年受到空袭的影响而受损严重，由于资金短缺，长时间得不到彻底的修缮。2007 年 5 月，车站复原工程开工，而 500 亿日元的工程费用则是通过出售空中权而得到的。主要的购买者是三菱地所、三菱东京 UFJ 银行及三井不动产。其容积被转让到东京大厦、新丸之内大楼、古川大楼、丸之内八重洲大楼等车站周边的建筑楼群。无论从寻求高收益，满足城市成长需求的角度，还是从维持历史性建筑物的管理角度来看，低·未利用地的未使用建筑容积的转让有其必要的一面。而作为负面因素，随着建筑技术的发展以及规模效益所带来的建筑成本的降低，具有压迫感的超高层建筑开始逐渐增多，街区景观的连续性受到破坏，这些都引起了市民的强烈不满。开发与限制的平衡点的摸索，可以说是永远的课题。

复原效果图与丸之内大楼

1914 年丸之内车站大楼全景

复原后的丸之内车站大楼效果图

复原后的丸之内车站大楼及正面广场的效果图

1.2.2 东京的城市开发制度

日本东京的城市开发制度中，也应用了空中权的原理。其主要是，通过对确保公开空地等具有公益贡献的建筑规划实行容积率及斜线限制等建筑基本法所规定的形态限制的缓和，进而诱导有利于市区环境的城市开发。主要包含特定街区、二次开发促进地区规划、高度利用地区及综合设计这4种制度。

（1）特定街区

特定街区是指，在以城市功能更新及优良城市空间的形成与保全为目的的、具有相当规模的工程项目中，不受一般的建筑规则的制约，以城市规划的观点诱导其良性发展而制定的制度。特定街区内的建筑物不受容积率、覆盖率及高度等一般法规的形态制约，通过制定适合该街区建筑物形态的特定城市规划限制标准，从而形成良好的城市环境。至2008年3月，已指定了59个街区，新丸之内大楼及日本桥三井塔楼则是其中最具有代表性的项目。

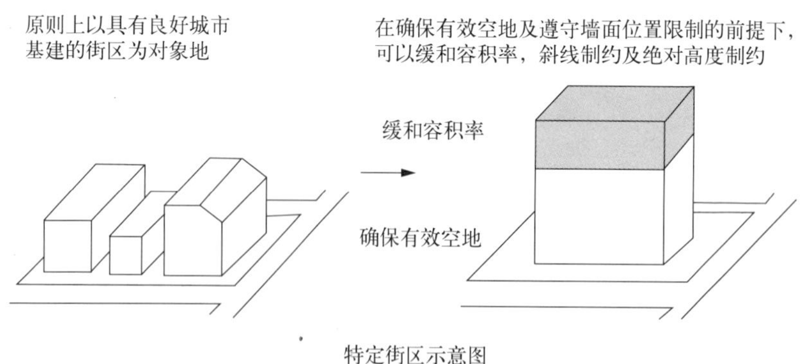

特定街区示意图

（根据参考文献3中图表作成）

①新丸之内大楼

2007年4月19日竣工，4月27日一部分的商业设施楼层开放。在原大楼（1952年建成，8层）的基础上改建而成，位于东京站丸之内车站大楼对面，与丸之内大楼隔行辛大道而立。由东京丸之内车站转让了部分容积率，从1300%的指定容积率缓和至1760%，实现了大规模高层建筑。

新丸内大楼外观

行辛大道行道植栽效果图

②日本桥三井塔楼

2005 年 7 月 29 日竣工，是日本桥地区的景观标志建筑。由于底层部分考虑到与邻接三井本馆（重要文化财产）的外观调和，鉴于对三井本馆的保存及城市开发的两立，三井不动产与日本设计得到了 2005 年的日本建筑学会奖。

三井本馆外观

日本桥三井塔楼外观

(2) 二次开发促进地区规划

二次开发促进地区规划是指鼓励一定规模的低·未利用地（工厂、铁路工务厂、港口设施等）的土地转让，通过建筑物与公共设施的一体性综合规划，进而加强土地的有效利用与城市功能，促进住宅办公楼层面积的供给，形成区域活性化核心设施的一种手段。至 2008 年 3 月，已指定了 53 个地区，六本木新城（六本木 Hills）及东京中城（东京 Midtown）是其中最具有代表性的项目。

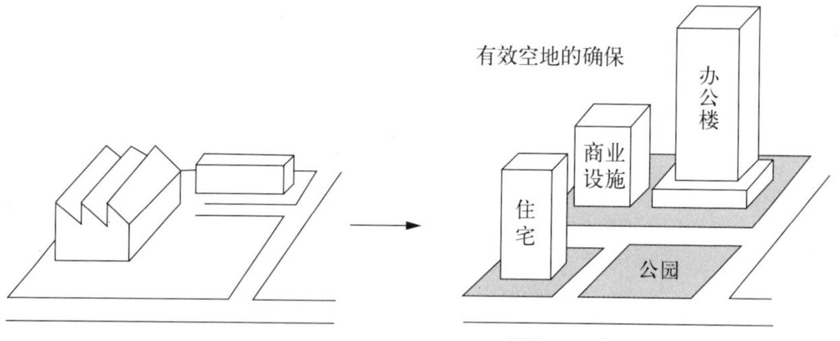

二次开发促进地区规划示意图
（根据参考文献 3 中图表作成）

①六本木新城

森公司花费 17 年建成，是六本木 6 丁目特别再开发规划的一部分，以超高层大楼六本新城森塔楼为中心的多用途设施。

六本木新城建筑（□）与空地（■）示意图

六本木新城森塔楼外观

毛利庭园

名门毛利藩宅邸遗址中的庭园之复原版。浅溪的流水与花土的芬芳抚慰着来客的心灵。

近未来风范的剧场楼顶上诞生出日本的“农之风景”。有稻穗闪闪发光的稻田，也有可以收获季节蔬菜的菜畦。

右图榉树坂六本木综合楼上屋顶花园——秋收
（引自六本木ヒルズ HP 中图像）

②东京中城

由三井不动产为主体所开发的多用途城市开发规划区，位于港区六本木原防卫厅旧址与赤坂9丁目，是近年来日本都市再开发规划中规模最大的。

东京中城建筑（□）与空地（■）示意图

东京中城花园入口

自然的雕塑——变化

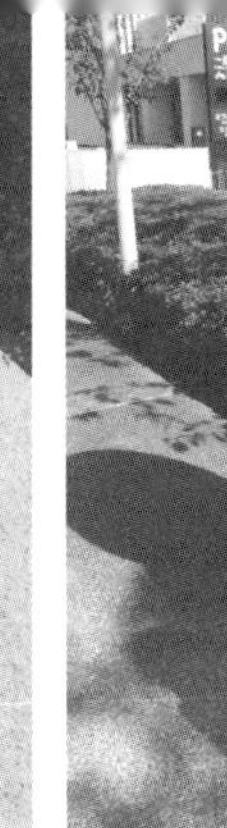

人工的雕塑——永恒

东京中城花园由高原涌水、山中溪水、森林边界、草坪广场4个分区组成。

核心概念为“On The Green”，体现与自然共生的日本传统庭园之精髓。

21_21 DESIGN SIGHT

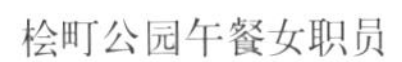

桧町公园午餐女职员

在桧町公园河畔闲聊的白领

(3）高度利用地区

高度利用地区是指，以促进市区的零散、细分土地的整合、防灾性的提高与合理健全的高度利用为目的而指定的地区。至 2007 年 12 月，已指定了 139 个地区，晴海特赖登街区（晴海 Triton Square）及代官山公寓（代官山 Address）是其中最具有代表性的项目。

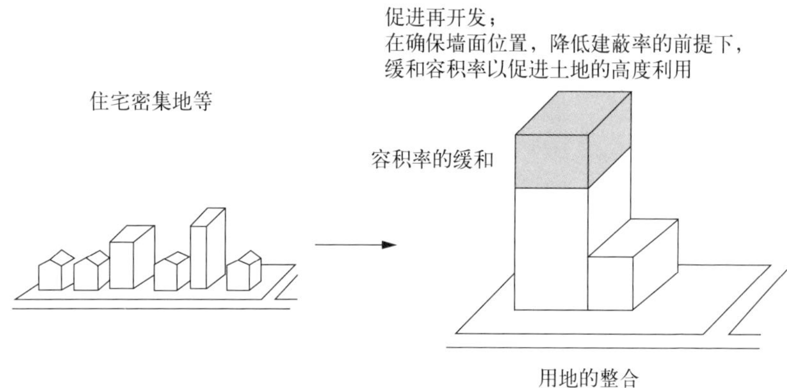

高度利用地区示意图
（根据参考文献 3 中图表作成）

①晴海特赖登街区

位于中央区晴海1丁目，以3幢办公楼为核心的多用途商业设施及住宅群。由前川国男所改造设计的日本住宅公团晴海高层住宅楼等旧址而开发兴建。

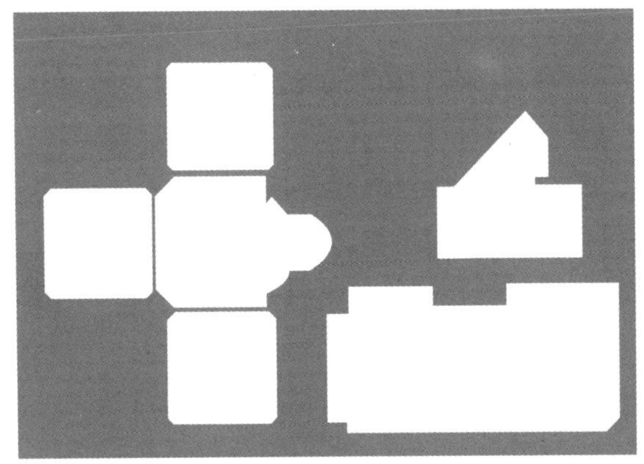

晴海特赖登街区建筑（□）与空地（■）示意图

花园与背景大楼

抽烟的职员与周边环境

喷水与行人

运河大桥与背景大楼

②代官山公寓

位于涉谷区官山町17丁目6号，2000年8月19日竣工，由日本最早的钢筋骨架建筑——同润会公寓（昭和初期）改建，再开发而形成的街区。

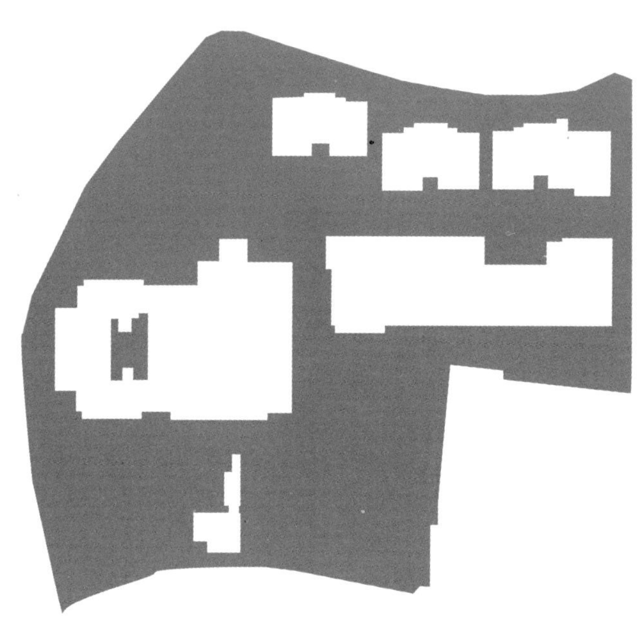

代官山公寓建筑（□）与空地（■）示意图

花园

街区艺术雕塑分布示意图

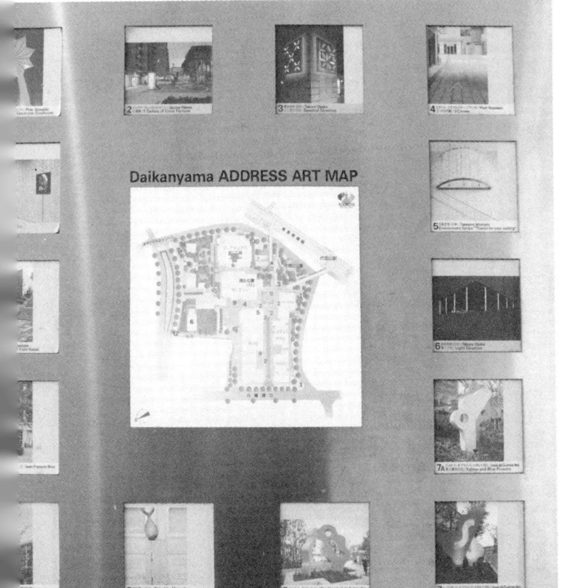

多功能空地与背景大楼

（4）综合设计

综合设计是指，具有一定规模及一定比例以上的场地建筑规划，在不妨碍交通、安全、防火及卫生，且被认可为有利于市区环境整备改善的情况下，可根据各个特定行政厅的许可而放宽容积率、斜线及绝对高度等各项制约的制度。至 2003 年 3 月，已有 506 件项目得以认可，新宿花园塔楼（新宿 Park Tower）及天王州群岛商业区（天王洲 Isle）是其中最具有代表性的项目。

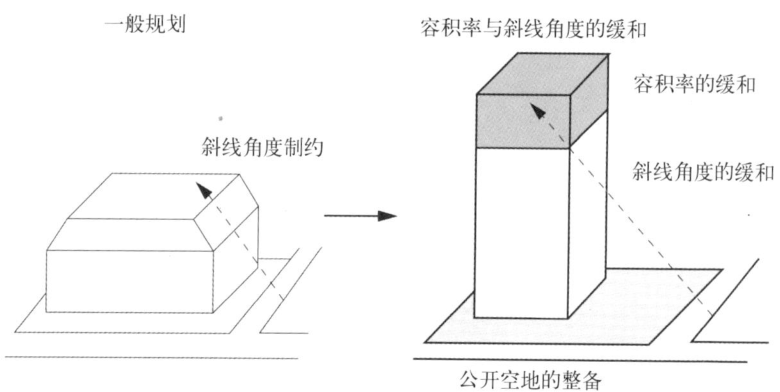

综合设计示意图
（根据参考文献 3 中图表作成）

①新宿花园塔楼

位于新宿区西新宿3丁目7号新宿新都心一角的超高层建筑，1994年4月25日竣工，原址为东京煤气公司的大型煤气储存罐所在地。

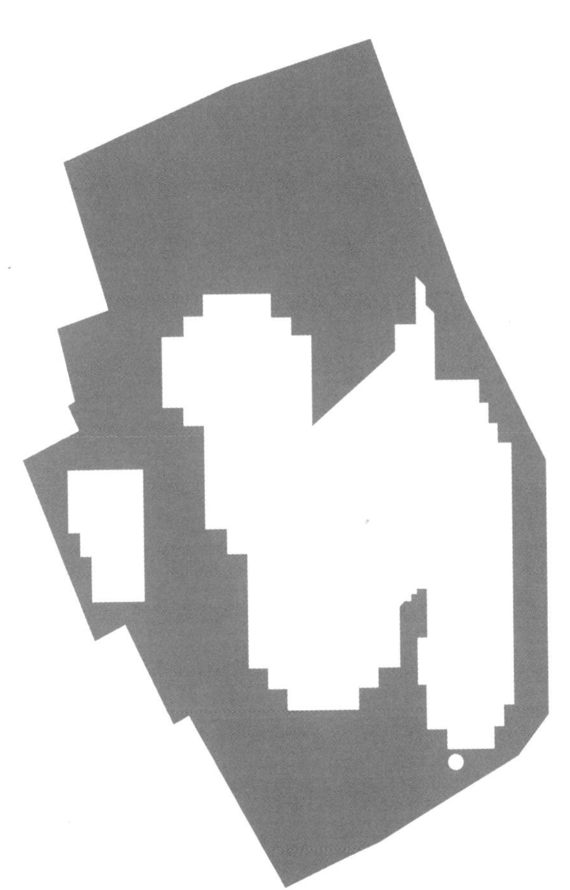

新宿花园塔楼建筑（□）与空地（■）示意图

新宿花园塔楼外观

空地环境 1

空地环境 3

空地环境 2

②天王洲群岛商业区

位于品川区东品川临海部的再开发街区，原址为杂乱无章的仓库街区。1986 年规划实施，1990 年代高层建筑相继林立，2001 年天王州群岛车站建成，此后知名度大为提升。

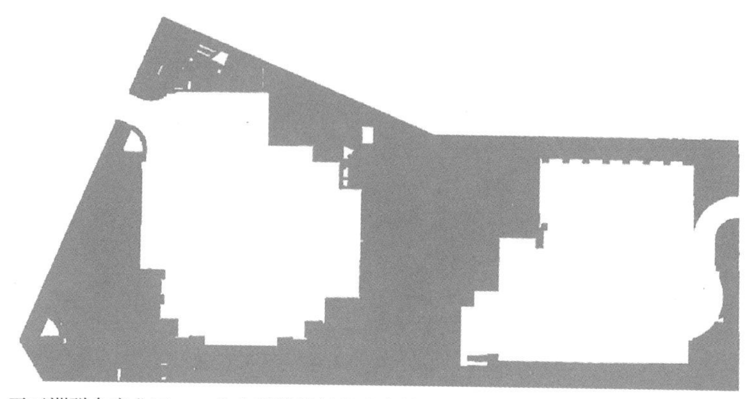

天王洲群岛商业区——住友酚醛塑料株式会社建筑（□）与公开空地（■）示意图

室外雕塑——玛雅文明之碑

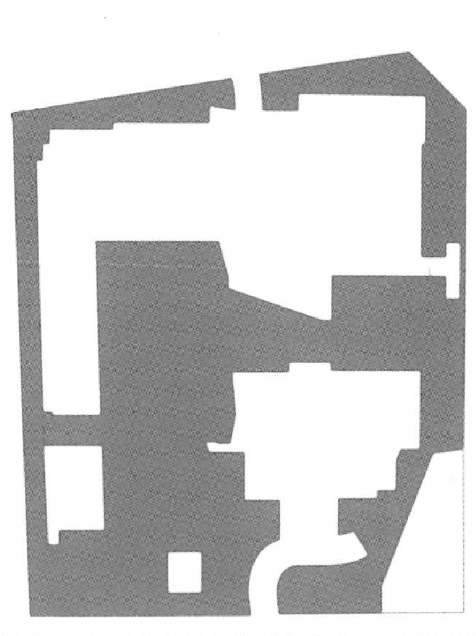

天王洲群岛商业区——天王州邮船大楼建筑（□）与公开空地（■）示意图

空地环境 1

空地环境 2

1.3 企业的社会责任（CSR）之创景

作为一个企业，不仅仅只是追求自身的利益，对于其经济活动所带来的给环境及社会所造成的负面影响的责任承担，对于任何具有利害关系的人群履行说明义务的这样一种作为企业自发行动，被称作为企业的社会责任（Corporate Social Responsibility，简称CSR）。CSR 作为实现可持续发展社会的重要关键词，其最终目标在于实现企业自身的永久存在。近年来在证券市场开始从 CSR 的视点来评价企业价值的这样一种大背景下，CSR 的推广正处于急速开展与变化之中。

CSR 活动，从遵守法令、企业伦理至完善工作场所环境，是一个包含有各种企业活动的概念。进入21 世纪，地球环境问题及能源问题等已经成为国际上最重要的课题，“企业如何在顾及环境的前提下开展企业行为”也成了其中心之一。

企业对于地球环境的关注，特别是对于自然环境及城市绿化关联的企业行为，如今不仅是局限于企业的 CI 战略（Corporate Identity Strategy，企业形象战略），正在演变为影响其证券价值的具有实质性经济层次的社会性活动，其投资对象也在日益增加。可以说，这意味着以往由行政主导而形成的风景，在不久的将来，将会由本着企业社会责任为出发点的社会活动而有可能得以改变。

1.3.1 建筑领域的 CSR——积水房屋的零排放住宅

（1）零排放简介

零排放（Zero Emission）是国际联合大学（东京）于 1994 年所提出的构想，以构筑对自然界的污染物排放为零的系统作为目标。实现零排放必须实行各个产业的协作，也就是说某个产业所产生的副产品或者是废弃物通过在其他产业中的再利用，进而实现社会全体的资源循环。所以说不仅是在生产的阶段考虑到对于环境的污染，还必须要考虑到在消费以及废弃等阶段所产生的影响，进而调整原材料及其生产过程。但是，零排放只是一个概念性的理论，根据物理学热力学第二定律这是不可能完全做到的。现在，一部分的企业通过减少废弃物的排放以及增加废弃物的再利用而使得废弃物的产出为零，近似实现了狭义的零排放。

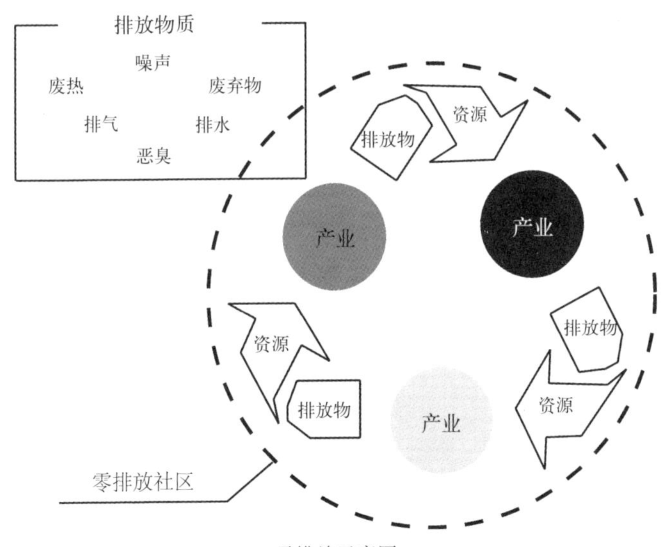

零排放示意图
（参考鹿島建設株式会社 HP 中图像作成）

(2) 积水房屋的零排放住宅

零排放住宅（引自参考文献 4）

在抑制地球暖化方面，积水房屋株式会社（东京）主要是在已有的“行动计划 20”（通过采用高隔热密闭式样及高效率热水器，与 1990 年相比，至 2010 年减少 20% 的居住时排放二氧化碳量）的基础上，于 2008 年推出了“零二氧化碳住宅”（采用太阳能发电与燃料电池，通过使用高效率暖房及 LED 照明等省能电器，使得二氧化碳排放量与发电量相等，从而实现了狭义的二氧化碳排放为零的住宅），目前正在以普及整个生活过程中二氧化碳排放为零的“零排放住宅”为目标。当然，这些对策的早期普及取决于如何平衡居住者利益与减轻环境负荷的对立，以及在考虑现实可能性的基础上以普及技术为主体的二氧化碳削减技术的组合。以下就“零排放住宅”中所采用的技术做一些介绍。

“零排放住宅”出现于 2008 年 7 月在日本北海道举行的 G8 峰会，是日本经济产业省用来展示日本工业化住宅技术及抑制温暖化技术的样板住宅，受到了各国要人及媒体的关注。

2008 年 G8 峰会媒体中心前的“零排放住宅”（引自文献 5 中图像）

住宅外部主要采用的技术（根据参考文献 5 中图像作成）

①太阳能与风力发电系统

太阳能发电系统

风力发电系统

②屋顶绿化

屋顶苔藓绿化

③ 5 棵树规划

5 棵树规划源于人类与自然共生的里山概念，庭园内种植 5 棵乡土树木，在提供鸟类及蝶类的栖息地以改善居住区生态环境的同时，促进人们与自然的交流。

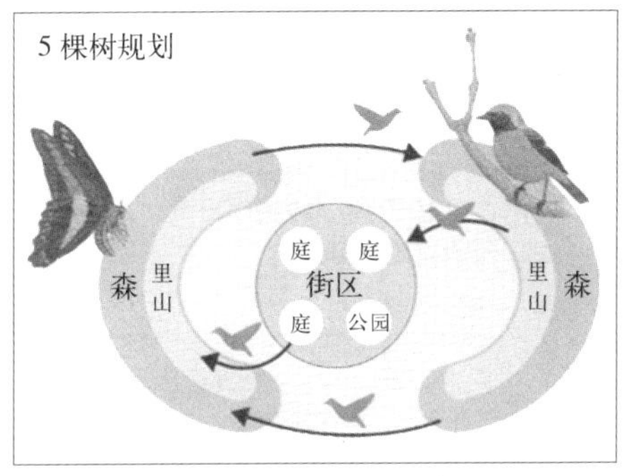

5 棵树规划示意图（根据参考文献 5 中图像作成）

供小鸟喝水的水钵

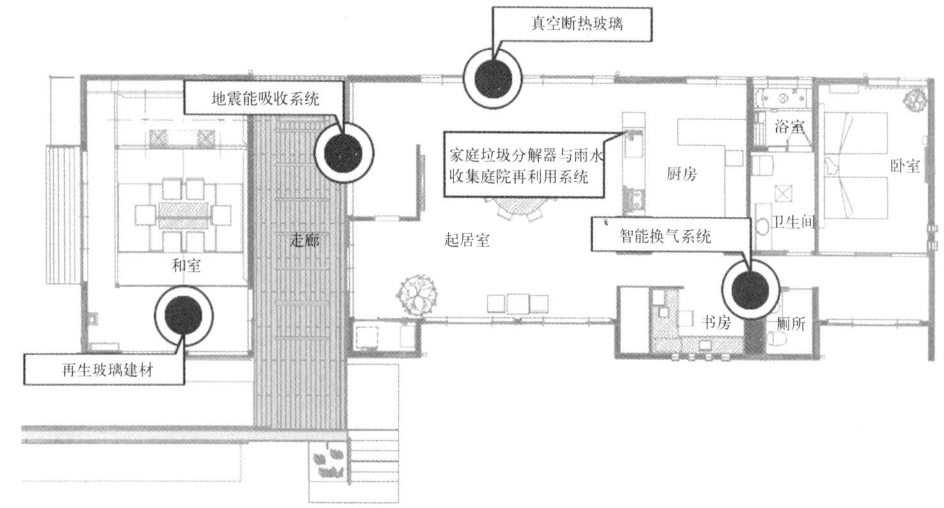

住宅内部主要采用的技术（根据参考文献5中图像作成）

④再生建材

地面　　墙面

⑤真空断热玻璃（可发电）

真空断热，发电玻璃

⑥家庭垃圾分解器与雨水收集庭院再利用系统

家庭菜园

⑦智能换气系统

演示智能换气系统的解说员

⑧零排放资源回收利用中心

积水房屋株式会社（东京）于2000年开始实行零排放，此后陆续达成了全工厂，新建、售后维修及改建等施工现场的零排放，现在正在全力推进房屋解体现场的零排放（该公司将零排放定义为不进行填埋处理及不经过热回收的燃烧处理）。

零排放资源回收利用中心

该中心雇有员工50余名，在缓解了偏远地区就业问题的同时，通过企业自身的不懈努力以求得到社会的认可。

1.3.2 CSR与园林景观领域的关联——以日本为例

企业CSR行为，不仅仅只局限于省能及削减废弃物，还牵涉到植树活动及环境教育活动等与园林景观行业密切相关的社会贡献运动，以至于从商品开发的企划设计阶段开始，涉足到地球暖化及城市热岛环境、生物栖息环境等由各种视点出发的事例。

此外，从日本造园行业中的企业与社会的关系性来看，通过导入指定管理者等制度，在以前由公共机构所运营的绿地及公园的管理业务之中，民间企业的参与也显著增加，这也说明了企业正在以CSR的观点而开始介入绿地与公园的维护管理业务。

（1）植树护林——日本烟草产业株式会社“JT之林”

在日本，说到CSR与Landscape领域的关系，最容易想到的可能就是企业在国内外的植树造林、绿化活动。海外的热带雨林保护、沙漠化防治、国内的森林及里山的保全、再生等等，其历史也颇为久远。

从制度上来看，1980年代企业与国有林等签订协议，开始介入“国民参与的造林运动”；1992年地球高峰会后，创设了国有林的“法人森林”制度；其后，在全球暖化抑制及生物多样性保全等对于地球环境保护的国民意识日渐增强的背景之下，自2007年起以“推进创造美丽森林的国民运动”为首，在各地陆续创建了支援企业植树造林运动的“造林委员会”。在这样的背景下，林业厅于2008年召开了“企业造林展览洽谈会”，以企业的环境，CSR部门负责人为对象，介绍各种事例及对于企业造林的支援制度，并且设立有各个都道府县及国有林的专用展位，可实施个别商谈。

以企业冠名的植树护林运动，随着各级政府部门的诱导及中小企业之间的CSR意识的普及，加上全球暖化及二氧化碳固定等观念意识的增强，现在正迅速地在日本各地展开。

“JT之林”是指在一定期间内租赁某个区域的森林，通过人力、物力、财力的支援，在协助区域林业的发展及保护自然生态环境的同时进行员工教育的一种企业自发性活动。

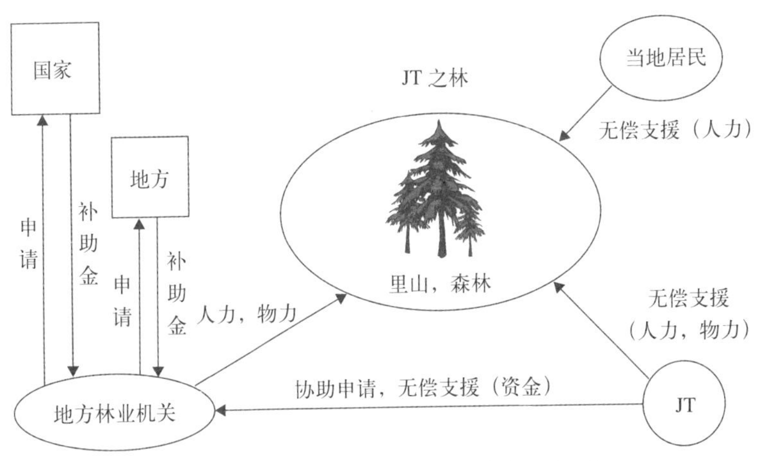

JT 之林示意图（采访 JT CSR 相关负责人员后作成）

“JT 之林”始于 2005 年，现在发展到了国内 8 处，国外（坦桑尼亚，始于 2007 年）1 处。年均投资近 2000 万日元。

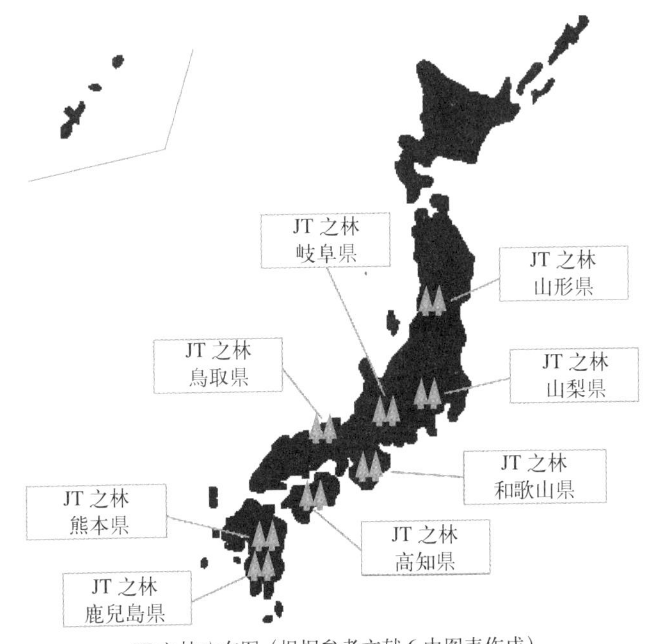

JT 之林分布图（根据参考文献 6 中图表作成）

在活动中，对于森林机能的维护及当地植被的具体情况，与地方行政机关及森林管理机构进行商谈，根据各种类型的森林而采取不同的植树、除草、间伐等森林维护管理。日常管理与运作委托给当地的专业人员，时常组织 JT 的员工以及当地居民作为义务志愿者参与森林管理。

2009 年秋季活动日程一览表

（根据参考文献 6 中图表作成）

JT 之林	活动实施日	活动内容
山形县鹤冈市	9 月 19 日	除草，间伐
和歌山县田边氏	9 月 26 日	除草，施肥
山梨县北都留郡	10 月 31 日	除草
鸟取县八头郡	10 月 31 日	设置瞭望台，植树，间伐等
熊本县球磨郡	11 月 7 日	割藤，除草，剪枝
岐阜县中津川市	11 月 14 日	剪枝
高知县安芸郡	11 月 14 日	间伐

JT 出版的“JT 之林”刊物（年 2 次），CSR 报告书（年 1 次）

JT之林 鳥取県八頭郡智頭町 活动报告
（根据参考文献6中图像作成）

（2）屋顶绿化——伊势丹百货新宿本店 屋顶花园

在当今日本社会日益重视 CSR 的大背景下，企业对于绿化事业的关注也日益加强。伊势丹百货新宿本店作为日本首屈一指的商业街新宿的招牌企业，其对于中心街区的热岛效应缓和以及对于地球暖化抑制的责任履行也是义不容辞的。

伊势丹百货新宿本店屋顶花园建于 2006 年 6 月，由日式筑山（春之园）、大草坪（夏之园）、木平台（秋之园）3 个分区所组成。全园种植有 300 余种植物，为了表现里山原风景，几乎都由本土植物所构成，其中点栽外来品种以增添园中的色彩。

伊势丹百货新宿本店（建于 1933 年）

屋顶花园——都市中的乐园（引自文献 7，Vol.61 P10-11 中的图像）

供奉伊势丹守护神“朝日弁财天”的神社

伊势丹创始人铜像

多功能大草坪

屋顶棚架

儿童游具

（3）指定管理者制度——狭山丘陵东京都立公园

①指定管理者制度

近年来，以公园绿地为代表的“绿色”空间，其功能与效果从环境保全至建康管理以至于人性维持等各个领域得以瞩目，其作为社会资产的价值也在日渐提升。与此同时，与“绿色”空间有关的产业领域的社会重要性也在日渐增强。

在更加注重以往的规划设计——施工——维护管理等各个流程质量的同时，建成后的空间的有效利用等管理运营方面也逐渐得以重视。在“绿色”空间的管理运营中，导入民间企业的崭新想法以对应日益变化的社会需求，从而提供具有魅力的服务，在这样的背景下，产生了指定管理者制度。指定管理者制度是指将原来只限定于地方公共团体及其外部相关团体所管理运营的公共设施、委托株式会社、盈利企业、财团法人、NPO 法人、市民团体等法人组织运营管理。其始于 2003 年，是小泉内阁上任以后出台的“公营组织的法人化·民营化”的一环。各个地方公共团体根据相关条例，由议会决定并委任指定管理者实施管理运营。管理者采用民间的企业运营手法，可以更加有效的实施具有弹性及受软性的设施运营，在发生收益的情况下，可与地方公共团体在商议范围内作为其收入。

②西武·狭山丘陵合作组织

西武·狭山丘陵合作组织由 5 个各具专业特长的企业及 NPO（西武造园、西武绿化管理、NPO 法人 NPO birth、TOM 地域环境研究所、NPO 法人地域自然情报网络）组成，设有 7 个部门（维护管理部、守林部、市民协调·活动组织部、自然环境保全部、环境分析部、宣传部、PDCA 部），各个部门明确有业务内容，分担硬件及软件的业务管理，承担各自的责任并有明确的权限。

该组织主要负责位于东京都与琦玉县交界部的 4 个丘陵地都立公园（狭山公园、八国山绿地、东大和公园、野山北·六道山公园）的运营管理，2008 年 5 月的公园管理面积为 $225hm^2$。

③狭山丘陵东京都立公园的运营特征

- 管理运营方针：作为跨都县的丘陵地公园，活用里山的自然环境资源，与都民协作保全动植物栖息地，通过自然学习以及组织在自然环境中的各种活动从而普及启蒙环境保护意识。

- 运营特征：市民协作

（A）制定协作方向

a 明确目标

b 明确活动基准

（B）发挥市民能力

a 确保市民的公正自由立场

b 提供学习机会

c 交流促进

协作型公园运营管理概念图
（根据参考文献 8，Vol.73-3 P205 图 -2 作成）

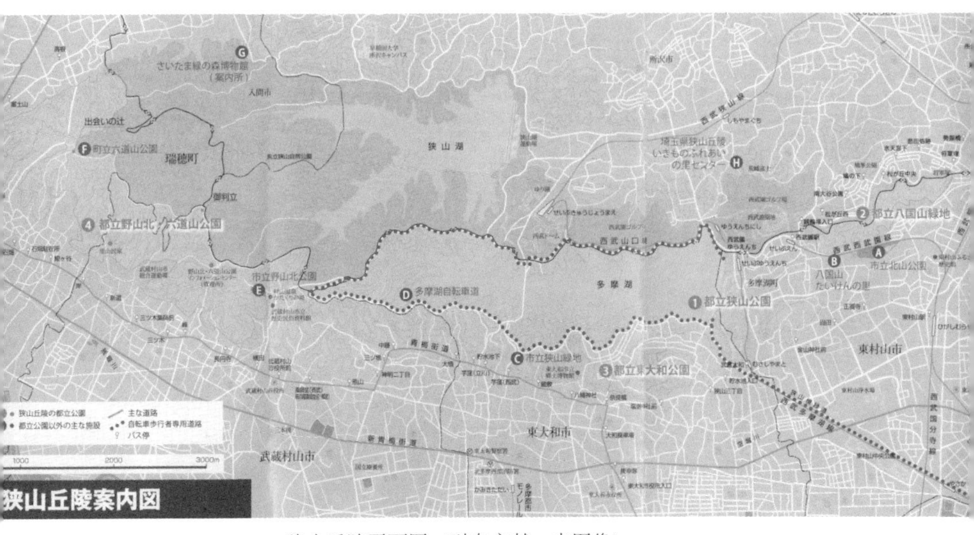

狭山丘陵平面图（引自文献 9 中图像）

④都立狭山公园

狭山公园于 1937 年开园，以樱花枫叶，美丽的湖泊景色而著称。在狭山丘陵公园中由于其交通最为便捷，因而易于体验自然，深受儿童及老年人的关爱。

狭山公园平面图与主要景点（根据参考文献 9 中图像作成）

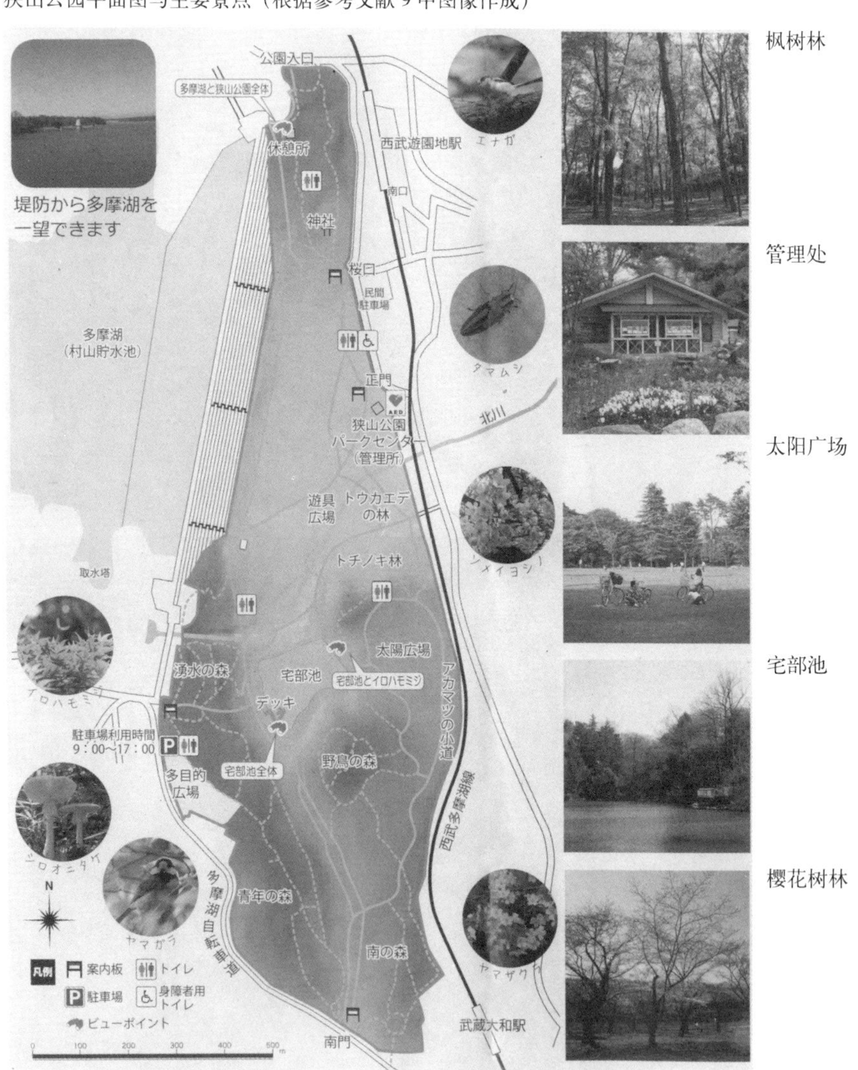

狭山公园自然体验导游指示板

季节性自然信息（手工绘制）

入口花坛（由市民设计、施工、管理）

野鸟介绍

多摩湖（村山蓄水池）

由堤坝俯视多摩小区

大正 12 年的排水暗渠（近代土木遗产）

儿童游具

⑤都立八国山绿地

八国山绿地平面图与主要景点（根据参考文献 9 中图像作成）

⑥都立东大和公园

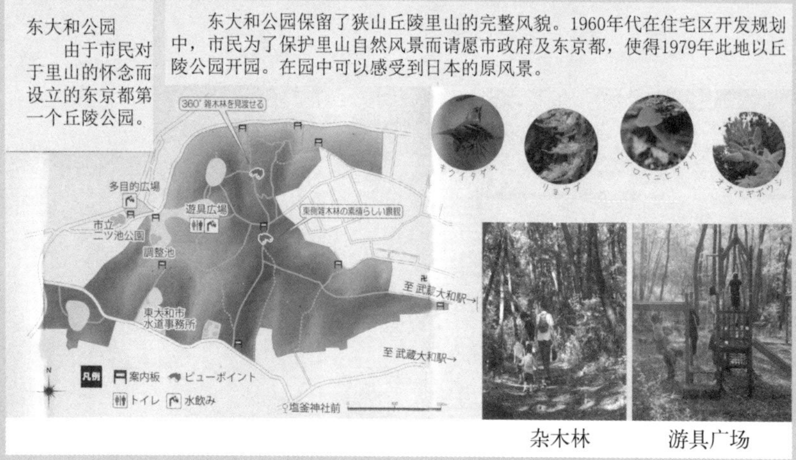

东大和公园平面图与主要景点（根据参考文献 9 中图像作成）

⑦都立野山北·六道山公园

野山北·六道山公园平面图与主要景点（根据参考文献 9 中图像作成）

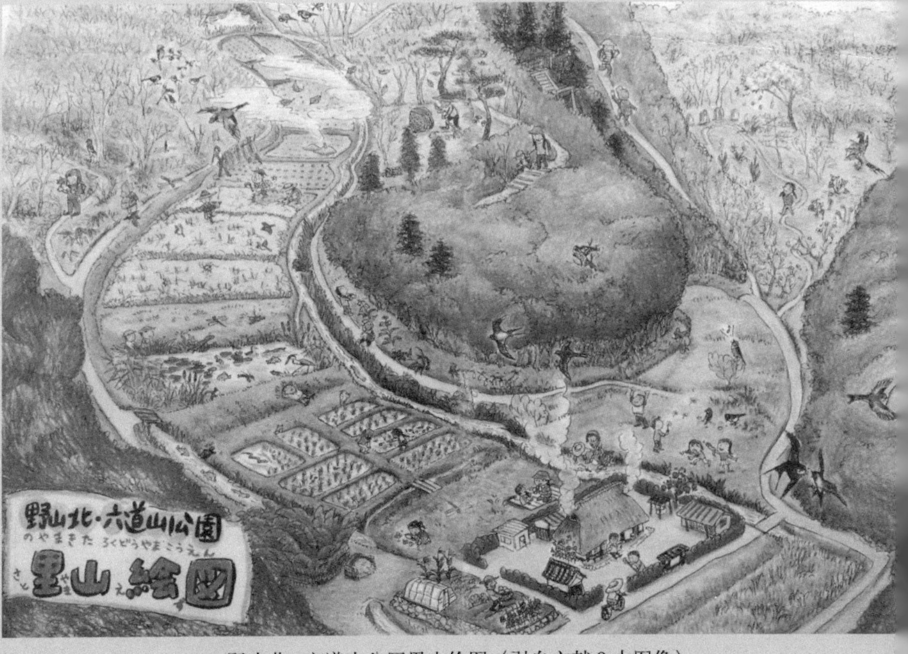

野山北·六道山公园里山绘图（引自文献 9 中图像）

在本章即将成稿之时，传来了日本鸠山首相在纽约召开的联合国气候变动首脑会议（2009 年 9 月 22 日）上的宣言。其宣布日本将在 2020 年以前达到全国温室效应气体排放量比 1990 年削减 25% 的目标，同时提出愿意提供相应的技术与资金以支援发展中国家的温暖化抑制。虽然不能排除这是民主党在当选为日本执政党后在国际舞台的领袖表现行为，但是对于中国来说如前言所述，这的确是一个寻求与日本及其他发达国家合作，提高能源利用效率的好消息。

最近，日本的权威经济节目 WBS 经常提到“From Ecology to Ecolomy（Ecolomy：日式造语，意为环境 + 经济 + 我）”这句话，也就是说提出了“从追求纯粹的生态效益到追求以人为本的生态经济效益”这样一种概念。举例来说，日本的汽车产业，特别是丰田在全球经济低迷之中全力推动其车型向节能环保发展，而政府部门也出台了相应的补助措施以推动此类车型的销售。市民在享受高尖产品的同时又能够对于环境保护作出贡献，而最重要的是购买节能车既得到补助又可以省钱。在宏观经济上可以说是做到了政府、企业与个人的三赢。此外，日本环境省从 7 月 1 日开始实行购买环保型家电可以获得环保点数（日文：エコポイント，英文：Eco point）的措施，环保点数可以购买其他的产品以拉动市场需要。其他相应的环境保护补助金还涉及设置绿篱，屋顶绿化建设，太阳能发电设施的导入等方面。

可以说，通过环境与经济的结合，自然与我们自身的利害之间可以，也应该是一个“天人合一”的关系。只不过在现在的条件下，经济的杠杆作用所占据的比例还是较大的，通过全球市民意识的增强，应该可以走上一条自发性的道路。

参考文献

[1] みずほ情報総研．図解よくわかる　排出権取引ビジネス．日刊工業新聞社，2008.

[2] 日本スマートエナジー．最新排出権取引の基本と仕組みがよ～く分かる本．秀和システム，2008.

[3] 東京都都市整備局．都市計画整備局．都市開発諸制度 HP.

[4] 積水ハウス株式会社．ゼロエミッションハウス．

[5] 積水ハウス株式会社 HP.

[6] 日本たばこ産業株式会社．CSR 推進部．JT の森　新聞，2009.

[7] 株式会社．マルモ出版．LANDSCAPE DESIGN.

[8] 社団法人．日本造園学会．ランドスケープ研究．

[9] 都立狭山丘陵公園案内マップ．

[10] 张安，孔明亮，章俊华（2010）．由排污交易权而想．中国园林 26(169),34-36.

[11] 张安,张云路,孔明亮,章俊华(2010)．企业社会责任(CSR)与风景园林．中国园林 26(174),31-34.

本文是在参考文献 [10]，[11] 的基础上添加内容写成。感谢日本千叶大学园艺学部的章俊华教授、中国园林编辑部以及论文审稿专家给予的宝贵意见。同时感谢在执笔过程中，给予作者帮助的孔明亮（千叶大学）、张云路（北京林业大学）与彭琳（清华大学）同学。最后，对于给予热情接待、接受采访的日本 JT 株式会社 CSR 部员工 - 名頭園女士、塩尻先生表示衷心的感谢。

学生设计实习 3 课程
——城市中的水危机

2

责任时代

章俊华

2.1 “地”的记述

文明意味着什么?

古代四大文明的发祥地已不是昔日的森林，其中古埃及文明地已是撒哈拉大沙漠，古苏美尔文明地已是沙漠化的美索不达米亚，而黄河文明的环境也日趋恶化。此外，被誉为丝绸之路的绿洲，如今也被无情的沙漠淹没。难道文明前的森林绿洲，文明后变成了沙漠的现实，意味着文明的进步等同于自然的破坏吗？地球的资源是有限的、空间是有限的，但人类的欲望是无限的。

我们在开始讨论责任时代之前，有必要拿出一个版面认识，理解东西方文化对环境的态度与价值观。

2.1.1 西方文化的环境态度与价值观

（1）犹太·基督教的传统

首先犹太教是共同体的“现世”宗教而基督教则是个人主义的“来世”（天国）宗教。神诞生了男性，并创造出男、女，男性支配海中的鱼，空中的鸟，家畜及大地的所有生物。像圣经中描述的“创世纪”那样，犹太·基督教的世界观和所谓的和谐环境伦理观，充其量只能说是比人类中心主义稍微低调的环境价值观。

（2）作为西洋历史起源的希腊——罗马

西方文化和文明的另一个主要起源是希腊哲学及其后的征服整个地中海地区的罗马帝国。古代的希腊人与罗马人是多神论的异教徒。所有信仰多神论的人是将自然界各种各样的存在及所有的自然本身的力量神格化。可以说是生物中心主义或生态系中心主义的信仰体系中最典型的一种价值观。但其在环境伦理方面所表现的意义和关注的程度，远不如犹太·基督教。

（3）伊斯兰

出现于公元后 7 世纪的伊斯兰教与犹太教和基督教一样，拥有其悠久的历史，被称为是西洋世界观的代表之一。与“创世纪”相比古兰经中对自然来说男性的关系并不是很暧昧。自然在男性眼中看来是作为利用的目的的一种存在。从男性的自身角度来说，崇拜神、感谢神，只对神表示敬意，在很多地方，对自然有利，有用的前提条件下，可以进行利用开发。

（4）盖亚（Gaia）“地母神”

比上述教宗出现更早的是把大地比作伟大女神的信仰。女性第一的“地母神”，旧世界的宗教曾是以母系为中心，正视人类与自然环境间的不均衡，并利用万物的和谐正义的方法去追求生命延续的可能性的一种价值观。也就是说大地、山川、森林、气候、植物等是地球无法分离的共同体，并视其为一个生命体。

2.1.2 南亚知惠的传统对环境的态度和价值观

（1）印度教

首先印度教的基本理念是“魂”的轮回再生的信仰，奉行人与自然的有机连带。人类的魂等同于动物的生命，并成为来世动物的生命体这样一种价值观的体现。其次印度教的多神论，通过猴、蛇、牛，某种花木等自然的形式表现出来。认同自然的力量和与自然共生的必要性。最后，印度教极力主张，象征性的神秘主义和一元论哲学，表现为“曼陀罗”式的圆环形宇宙图，体现人类与世界是一有机体的关系。

（2）耆那教（Jainism）

始于公元前6世纪的耆那教提倡物质与精神、肉体与魂同在的世界观，同时每个魂保持着各自的统合性，是所有生物魂的显现，其数量无限，且长生不死。耆那教徒对物质的所有、安乐、奢侈的行为持轻视的态度，其宇宙观为共生、相互依存的这样一种自然现象的价值观。

（3）佛教（南亚）

认为人类是自然的一部分，有经济价值的植物、动物及其他资源并不一定就是“好”，而杂草、害虫、寄生虫、害兽、无利益的生物种等也不一定就是“坏”。不应将其称为“无用”的生物和景观及无价值的物体。因为气候、植生迁移、季节、进化等变化因素正是环境保护论者开始理解的方面。万物均有自身的条件，并相互发生关联，视无欲望为幸福，放弃自我、不伤害世间存在的一切的价值观，是佛教对自然敬意和呵护的最根本的表现。

2.1.3 东亚传统的环境态度和价值观

（1）老庄思想（道教）

道教的“道”是指天与地的自然现象规律。老庄思想实际上就是顺从自然的基本理念。强调一种秩序与和谐世界的发展观。日日月月，四季循环，雨与晴的变换，动植物的生与死等一切事物均为大宇宙循环的一部分，并严格遵循自然法则。人类小宇宙必须与生态系的大宇宙谐调是道教精神的核心，被称之为生物地域主义。

（2）儒教

与道教的顺从自然的价值观相反，儒教则强调道德、社会、政治一连串的礼义行为。以“礼”构成强制的人为秩序，提倡人为的社会秩序，被称为间接的人类中心主义的环境态度和价值观。

2.1.4 东亚佛教的生态学与价值观

佛教传入中国后与道教思想不谋而合，随后又传入朝鲜和日本。接下来按不同流派进行记述。

（1）华严学派

万物具有共通本质的“宇宙生态学”，部分与部分相即相入表现在自然界中的万物不存在没有价值的“生命体”。为此对于自然界中的万物理应采取无条件的呵护与慈爱。

（2）天台·真言

华严（Huayan）学派传入日本后被称之为华严（Kegon），同时还存在着天台·真言两大宗派。就算是人的肉眼能清晰的分别草木的形状，但只有佛陀才能真正看清其中微妙的颜色区别。提倡绝对体存在论，即具有佛性的草木还象征着“他世”的事物这样一种境界的价值观。

（3）禅

在人类与自然关系上，禅的理念与基督教正相反。表现为自然支配着“神”。反之“神”不操作，支配自然，而且呈现为自然本身的一种“自然”延续。人类内在的本性与客观的自然成为一体。即自然与人类表现为“你中有我，我中有你”的一种价值观。

2.1.5 西太平洋西端地区的环境态度与价值观

（1）波利尼西亚人的宗教世界

传统波利尼西亚人的社会，奉行尊老爱幼的基本理念，反映在对环境的态度上，表现为从未有过的征服大地的欲望。反之十分敬重大地，只作适度的耕作，适当的人为修饰的庭园与非常小心地合理利用资源的保护型综合广义农业的大农业这样一种价值观。强调阶层化的社会体系将近身自然环境中生息的无数生物种联系起来。

（2）美国·印第安的土地知惠

萨满教（Shamanism）

认为自然界是一个大家庭，父亲在“天”、母亲在“地”，大地上的任何生物均是大地——母亲的孩子，也就是说所有的动植物，鸟、木、草，当然也包括人类均属同一个母亲（大地），并一生依赖大地的乳汁而生长。大家庭中每人都应当互敬互爱，并完成相互的责任，人类只是这个大家庭的一员。只考虑人类自身利益，这种环境态度和价值观其结果只有走向消灭。被称为“家族环境伦理”。

图腾崇拜（Totemism）

认为动物与植物虽然不是人类，但是存在着像人类人格一样的形态，并像人类一样有各自的小家庭，并与人类及其他动植物小家庭一起组成一个社会大家庭。人类的人格与动植物的“人格”之间的关系，就像部族间交换的关系一样，遵循着固有的模式。并相信动植物的骨中存在着其自身的“精灵”，永续地将各自的生命循环延续下去的环境态度和价值观。被称为“共同体环境伦理”。

2.1.6 南美的性爱生态学

这一地区最主要的代表是亚马孙流域，其中二卡诺（Toe kano）部族居住在西北部多雨的森林深处，使用语言属 ARA Waku 语系，父系社会。卡亚波（Kayapo）部族居住在东南部干旱的森林与热带大草原接壤的地区。使用语言属 Jeh 语系，母系社会。

首先让我们看看二卡诺的价值体系。太阳的能源养育了大地上的一切生命体，没有太阳的能源，生命世界将迅速萎缩。他们将这一能源视为生殖力，把大地比作母亲的怀胎，人类合理地获取其自身所需的能源，并从不超越这一范围。因为他们认为从太阳而来的生殖力的能源不是无限的，并通过土壤、植物、动物进行循环。用他们的思考方式来解释的话，人类获得自己的生存能量是有一定前提条件的。并从植物、动物中获取能源，最终转化成生殖力的循环这样一种价值观。

其次，卡亚波（Kayapo）的农业生态学，利用休眠期的循环利用法使原有的土地更加肥沃。并且开辟森林之岛，使其作为植物资源和鸟类、爬虫类、哺乳类等动物的栖息地。将“采取用保留地”视为“圣地”的概念和价值观，使得地区农业生态学得以不断延续。

2.1.7 非洲的生物共同体主义与澳洲的“梦的时代”(Dreamtime)

（1）非洲的情景

非洲的宗教表现为神者至上的绝对人类中心主义，神创造了世界的一切，非洲的几乎所有的民族均信仰崇拜“神”。

首先，非洲的思考多样性与统一性表现在语言上，据统计有 900 种以上之多，这还不包括各种语言间的方言，居住上也呈现为狩猎者的小集团到村落，甚至几千人的古代都市。与此同时在文化的多样性的基础上，也存在着“共通性”和“统一性”。

其次，瑶鲁巴（Yoruba）神学中的人类中心主义强调个人理念和命运与社会共同体紧密相连，人类释放出“力”的世界和神释放出的世界之“力”的结合这样一种价值观。

最后是太阳的礼貌（Etiquette）将动物丰富的感性通过岩画准确地表现出来，这种非语言人类表现样式可以看到、听到、感受到非洲大地的音色和频率的和谐表达，隐藏着非洲固有的资源。诸生物种作为共同体和谐地延续，与人类保持均衡的发展。在太阳神话中，生物种间的关系并没有以明确的形式展开，也没有在岩画中将土地的景观神圣化。

（2）作为保全活动家的澳大利亚的原住民

传统狩猎者原住民的神话将人类位于所有存在体之首。将动物与自身所属的土地领域的关系亲密化，具有道德意义，并在语言上以视觉艺术的形式表述出来。所有的生命体均有十分强烈的相似性。因为他们祖先的起源均信仰非常相似的宇宙观。并为了维持自身土地的生物种，进行相对应的仪式。其中澳大利亚原住民的世界观被称为“梦的时代”(Dreamtime)，坚信人类的生命存在于具有自身生命意识的宇宙中。人类生命的延续，包括动植物等其他生物种生命的延续，人类间诸关系及人类与其他生命间的关系延续，均被认为是人类的责任。并相信其他生命体也具备这种责任。人类，动物及此范畴内的生物，均是这种道德行为的执行者。每个生物体均具备这种意识，并通过“负责任”的行为，维持宇宙的整体。原住民的文化是生物地区主义的典型模式，表现为抽象的概念，不是自然，是特定区域上的土地，人类只是其间特定的个体，相互间存在着亲情间的关系，存在着共同的喜怒哀乐。

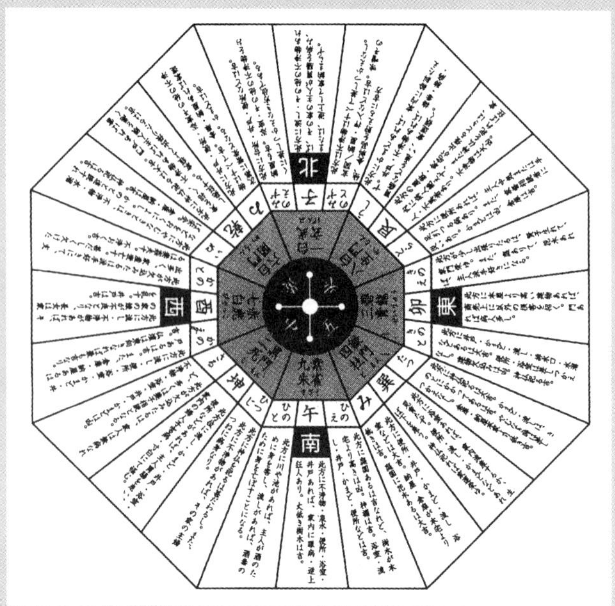

日本的家相方位图（引自：環境行動のデータファイル P144）

古代中国的世界像（引自：環境行動のデータファイル P145）

2.1.8 “地”的记述

（1）传统思想的世界像

受道教文化的影响，中国、朝鲜等国家在城市建设及家宅的选址、方位方面经常会应用到“风水”、“礼制”的概念，特别是受从夏商时代开始象征着神权和王权思想而发展起来的“礼制”文化的影响。反映在城域的大小、城墙的高低、道路的幅宽、中心建筑的存在与强化、文庙、武庙的分布位置。居住空间设置，方位及户外生活空间的序列。同样受中国文化影响的日本也有所谓的“家相方位”学说，总之这一切均是对理想世界追求的一种世界观。并形成了社会生活空间的模式，就像“古代中国的世界像”一样，四周是海，越往中心越安稳的中心至上论就是古时人类世界观的一种反映，被誉为最初的“大地”记述。

10 世纪时的世界像（引自：環境行動のデータファイル P145）

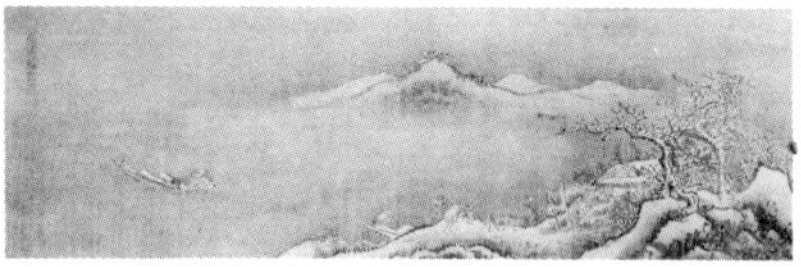

江天暮雪

远浦帆归

潇湘夜雨

平沙雁落

洞庭秋月

渔村落照

烟寺晚钟

山市晴岚

潇湘八景图（引自：http：//www.cnarts.cn/zl/456.html)

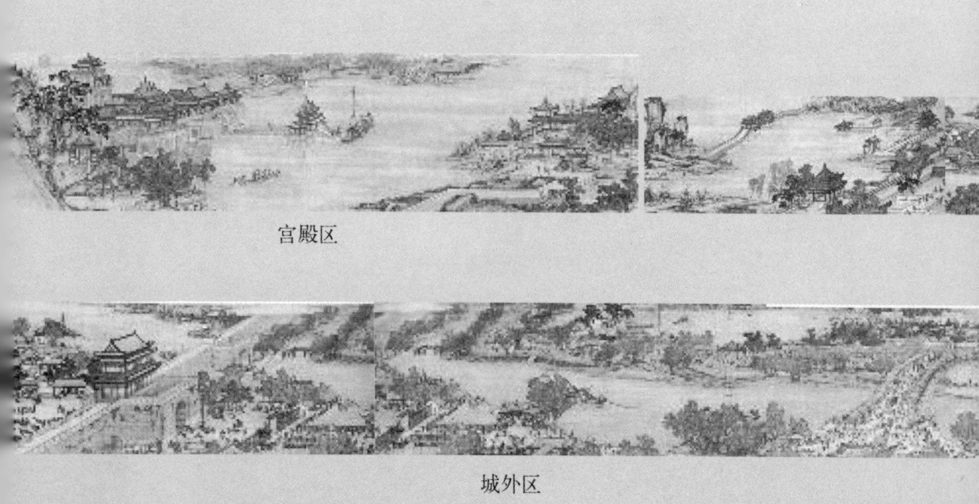

宫殿区

城外区

(2) 画卷中的景象

从北宋的潇湘八景图和清明上河图不难看出，人类对美好自然景色的追求由来已久。世界最初将欣赏风景作为一种娱乐出现在4、5世纪，是中国文明的一种标志，并开始了表现人类期求特征现象的风景评论，此后出现了描述此场景的“山水画”，直至10、11世纪的宋代出现了最具代表性的八景画（潇湘八景图），并传播到周边各国，其中11世纪传入朝鲜半岛，14世纪在日本广泛流传，现在各地均有八景的命名，像燕京八景（北京）、西湖十景（杭州）反映那个时代，那个区域的风景特征，是活生生的“记述”。而清明上河图又将人们带入奇妙的世界，真可谓：“一朝步如画卷，一日梦回千年”。

清明上河图全图（台北版）

城内区

郊外

深圳从 20 世纪 70 年代的小渔村，发展到如今的大都市，且不说其得与失，也可称之为 20 世纪末人类史上的“大地”记述
（引自：东方摄影）

（3）都市文明的行踪

在城市建设中，经济活动被视为极为重要的环节，其结果导致城市规划中的目标之一——“提高人类生活质量”被置于次要的地位。但是人们千万不要忘记这样一条真理：人类发展到现在一直从属于城市与乡村，两者的共存是人类社会发展的前提。可以说，城市就好似人类的母亲，而支援维持城市正常活动的是做父亲的农村，任何所谓城市独立、自立的设想都是危险的。我们只有努力保持城与乡的相互依存，才能使人类的生存环境得以健全发展。

（4）再筑人类新乐园

乐园被分为以寻找“桃花源”、“伊甸园”为目的的、非日常性的精神世界和创造一个理想社会为目的的、日常性的现实世界。然而当今的时代，日常与非日常之间的差距正在不断地缩小，时代需要我们再筑人类新乐园，创造一个美丽的未来像！从古到今，人类一直为寻找自己的乐园而不懈地追求，从某种意义上讲，乐园是人类生存的原动力，而且随着时代的发展，这种力量将越来越庞大。

2004年IFLA国际大学生设计竞赛入选作品局部（贺旺，王楠）

场所记忆 1

场所记忆 2

2.2 “场”的感悟

在过去的一个世纪里，我们曾经自豪，为20世纪史无前例的大跃进而自豪；我们也苦恼，苦恼于因时代的迅猛发展带来的大自然的报复；我们会幻想，幻想用自己不懈的努力去创造人类美好的未来；有时我们更感忧虑，忧虑人类正面临着种种的危机。然而我们更需要不断地追求、进取和努力奋争。假如我们所应用的设计能变成我们所推测的形式，那么我们所占用的风景可能比所有原始的、淡泊的愉悦性要丰富得多。

场所的感悟（日本新潟大地艺术展）

2.2.1 追寻人类的原型

儿童对环境空间的认识是发自本能的一种表现。所谓“3 岁看一生”道理就在于此，设计师的设计是寻找人类“本能”行为的过程，这种“本能”是在不受任何影响的条件下才得以最真实地表现，所以很多人都在研究传统生活空间。古城，民居是其中备受关注的焦点。最终的目的也是在极力追寻这种“本能”的原始表现。近年又逐渐兴起对儿童感受、行为、认识等方面的研究，其原因也是希望发现最初状态下的“本能”表现。从下图的宣传画中我们惊奇地发现出自中学 2 年级学生之手，却表现出一种超越现实的理想与寄托；“大海中的为什么？”、“奔向未来”、“地球的声心”、“像天马一样翱翔”、“踏青”……。从每一幅画的细节，都反映出人类“本能”的一种追述和对“场”的感悟。也许这正是设计师一直在追寻的“原型”。

小学生心中的“梦”与“思”
（原千秋，小学 4 年级）

中学生心中的“梦”与“思”
（引自：松户市第 6 中学歌咏比赛宣传画 2008）

儿童眼中的日常生活场景（原千里，小学5年级）

场所有其物理空间和精神空间的两种存在，人们可以在此完成直观或非直观的感悟，有看似“什么都没有”，却内含着千年的文化积淀；有看似无比振奋，却又一目了然；有看似“杂乱无章”却是一种时代的记述。设计师首先要去感悟场所，与此同时又要让这种感悟表现在作品中，最终传达给来到此场所的每一个人。

大地景观

2500 年前战国时期的赵王城遗址一号台（引自：河北邯郸历史博物馆）

故宫（明清）+ 人民大会堂 (20 世纪 50 年代)+ 国家大剧院（21 世纪）
（引自：朝日新闻 2004 年 7 月 4 日）

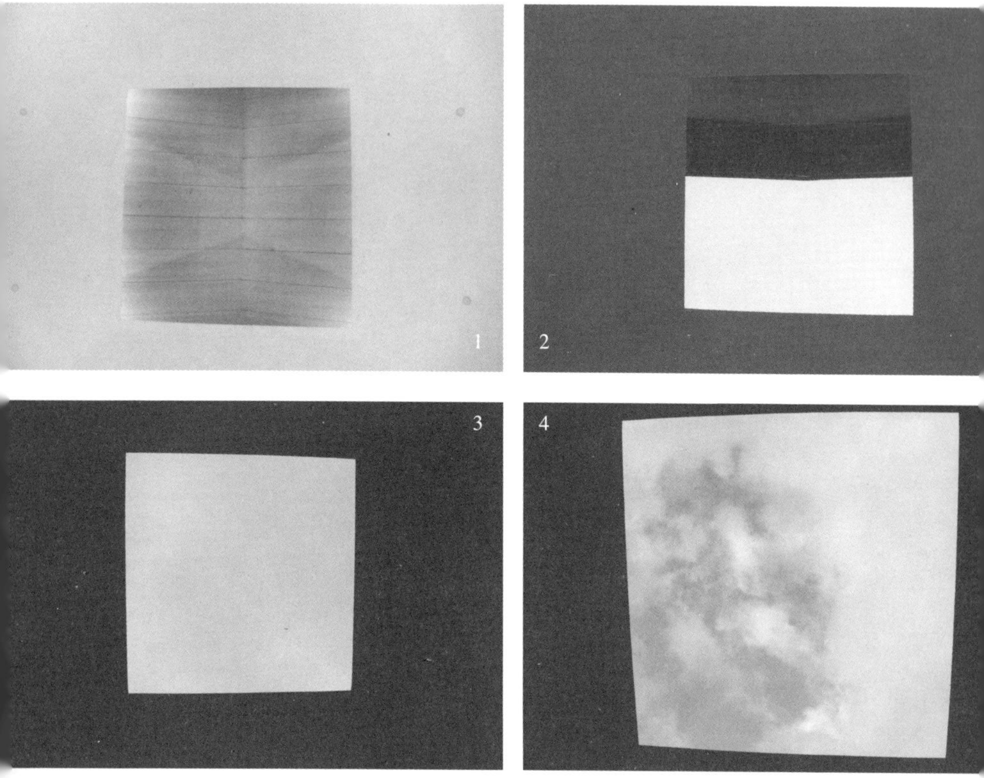

1 关闭时的移动窗　2 正在开起的移动天窗　3 全开状态下的天窗　4 千变万化的天窗景色
5 不同角度观看天窗　6 阳光照射下的天窗　7 云雾中的天窗

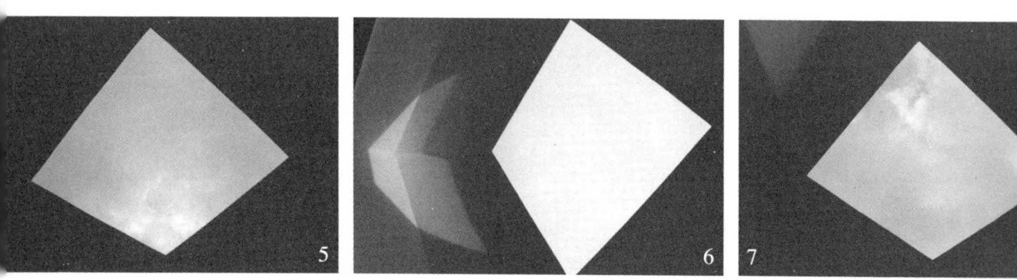

2.2.2 动态景观

天空千变万化的景色是其魅力的源泉。古时有赏月观月的诗情画意，而当今盛行的夜景照明，却让这种享受远远地离开我们。春季的桃花节、樱花节固然赏心悦目，而一次偶然的体验，却发现天空绝境。图中的展示是其他物体无法比拟的动态景观，原来大自然中还有如此之多取之不尽，用之不绝的“东西”。如果说去“创造”一个景，不如说是“挖掘”一个景更为生动有效。而不同的是这种场所存在于“大地”的反向——天空之中，也许可称之为一种新的景观资源。

书中的图片是参观 JAMESTURREL 所设计的“光之馆”（新潟）时所照。

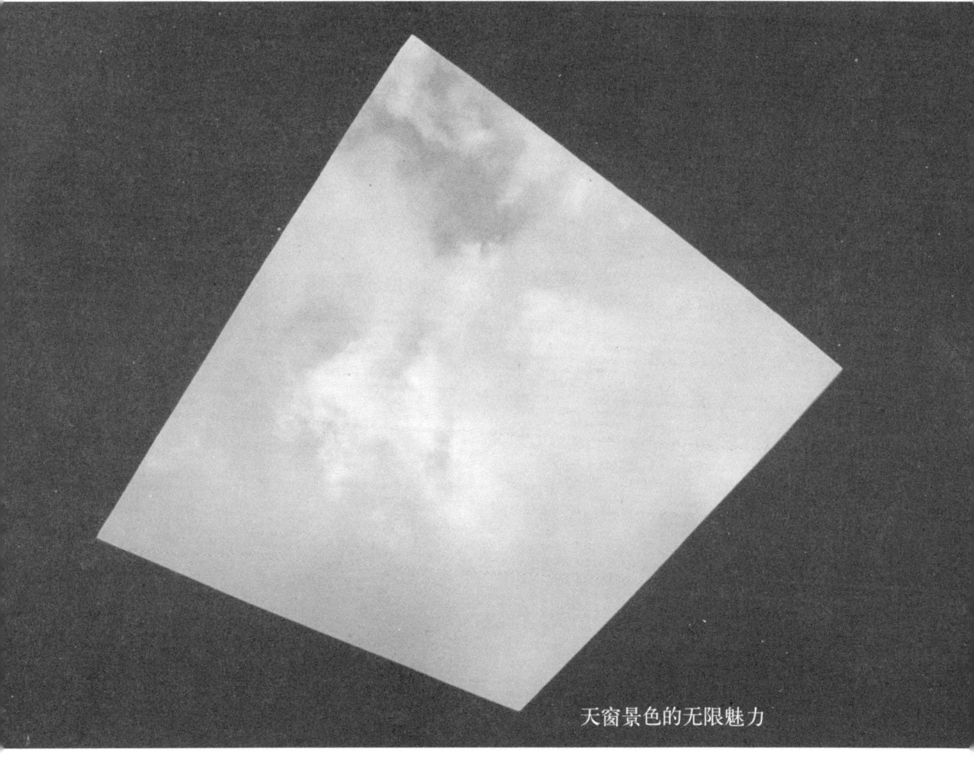

天窗景色的无限魅力

左图，上图：野生旱生花卉图组
右图：新疆野生动植物保护地

2.2.3 场所的生命力

植物的生命力是如此之强，特别是在新疆干旱地区，有一点点地下水的地方就会鲜花盛开，呈现出一片绿洲。不经任何人类行为的维护，自由的分布与生长，惟一乞求的是不被人类行为所破坏，野生状态下的旱生花卉，永远是都市人可望而不可即的场景，我们会发现自然中的场景，原来是如此奇妙美丽。此时此处人类的一切“努力”都将被视为是“多余”和“不必要”。这不正是原生状态下的生境吗？在这里设计师显得如此渺小，而自然界又显得如此强大，动植物如此的“和谐共存”，彼此相互依存，缺一不可，并共同遵循着大自然的规律，使之这种状态得以延续……。也许这就是一种“场所”的生命力。

森林学校全景（引自：いのちを守るデザイン，P20,21）

森林学校的概念最早源于森林治疗法，其原因之一是在森林中到处可见的活生生的自然生命体，这种环境对于儿童们来说是一种绝佳的场所，因为都市中的儿童能接触到的也只是非自然状态下人为提供的活动形式，而感受在自然状态下的原始行为对儿童来说是最好不过的环境，未来社会理想中的儿童学习生活环境，森林学校是其中最佳选择之一。因为那里能感受到动植物生境的真谛。

森林学校空间场景

2.3　意识革命

中国的改革开放，带来了社会经济的飞速发展，人们对环境的意识也发生了巨大的变化，什么都要讲环境。生活、工作要好环境，出行旅游要好环境，吃饭喝茶也要好环境……似乎“好环境”变成了为人民服务的代名词，小到个人，大到国家均在努力地创造一个好环境。真可谓是环境意识大革命。在这种全民皆兵的“行动计划”中，所谓的“幸福指数”被无限的追求。但对这种“幸福指数”的评价标准可以分为“物质”和“精神”两个价值观，其中东方文明的价值观体现在对“精神”的丰富性理解上。比正常生活所需要更奢侈的行为和享受被视为是“恶德”（不好的东西）。不浪费的适度体验、常态的生活被视为“美德”。只有“物质”与“精神”两个价值观保持平衡发展时，才能说是真正的“幸福”。但是现状又怎样呢？人类对“物质”的追求似乎远远高于对“精神”的追求，进而带来了环境毁灭性破坏。人类的欲望驱使人们不断做出“人定胜天”的愚事。每个人都认为这是社会问题而非个人所愿，但是任何现象的产生均与人类活动分不开，一切为人，以人为本的价值观正在受到极大的挑战。环境意识革命的必要性也越发显著。应该到了重新回归“知足安分”、“唯吾知足”的价值观的时候了。

战后日本经济复兴及欧美高度发展期的社会价值范畴（社会伦理）由于过度追求“效率性”、“便利性”等物质文明，使得生产力得到大幅度提高的同时，环境伦理被全面忽视，最终到了更高层次的、高度经济成长期时出现了公害，灾害等负面的社会效应，这个时期作为相对成熟的社会阶段，提出了“安全性”、“保险性”等社会伦理的问题，与此同时，环境伦理的概念首次被人们所接受。随着社会的进一步发展，对物质文明的追求体现在社会伦理上则表现为：分配的公平性，此时的环境伦理就体现在对生活质量追求的“快适性”上。并且出现了对珍稀物种的自然保护的“稀少性”环境伦理。以上可以看出环境伦理随着社会伦理的变化与时代保持同步的发展。

纵观全球，环境伦理的变化已从“区域规模的环境伦理”向“全球规模的环境伦理”转变；“当今环境伦理”向“未来环境伦理”转变；“人类环境伦理”向“生物系整体环境伦理”转变。简称为空间·时间·万物间的环境伦理。

中国的状况更应该突显这种“变化”，无论到目前为止环境伦理的提出对中国有何程度的影响，但从此开始，环境伦理势必主导整个行业的发展趋势。同时也可以视发达国家的失败为前车之鉴，虽然说任何社会的发展均不可能出现跨越时代的飞跃，但至少可以少走一些弯路。

（此文引自：发表在中国园林 Vol.26/170 No.2. P35-37“由环境伦理所想到的责任时代”一文的部分内容）

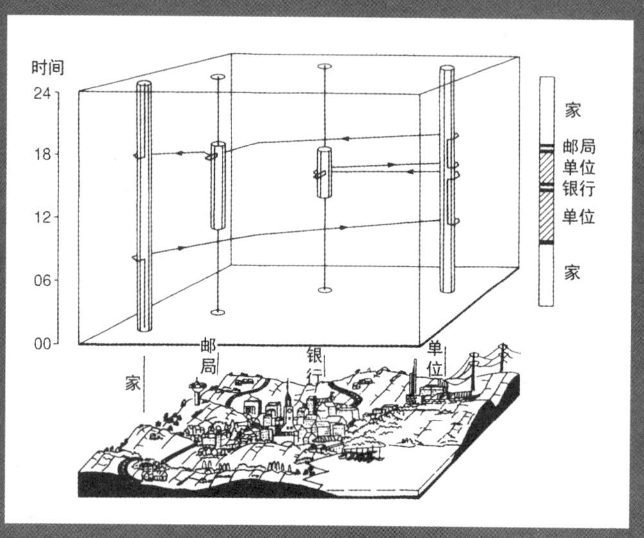

时间地理学中的个人行动模型
（引自：環境行動のデータファイル，P126）

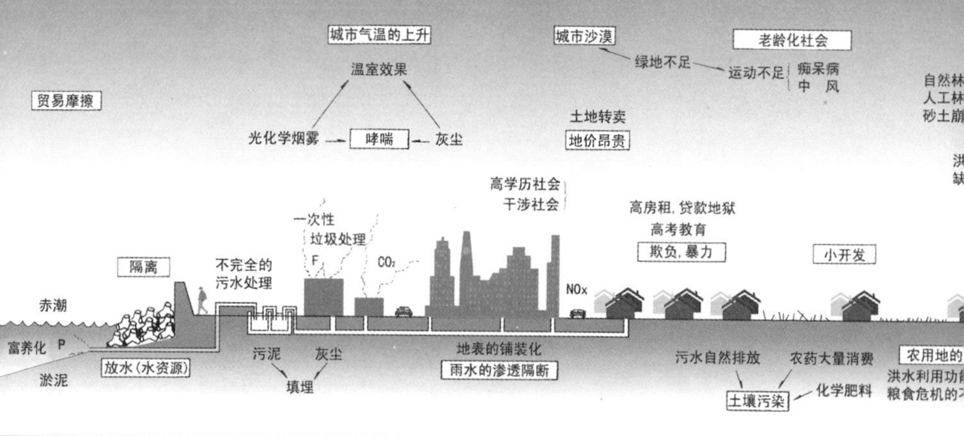

2.3.1 拯救生存的环境

地域差异导致农业化、工业化与后工业化过程在不同地区的并存，其间没有发展的协调，只有赶超的冲突。人口膨胀，贫富悬殊，都市中的噪声、尘土、废气、超负荷地工作，拥挤的交通，人类生活的自然环境被笼罩在烟雾之下，包围在垃圾之中。日趋恶化的污染使生存的空间环境不堪重负，日益严重的环境问题，时时困扰着我们。怎样才能阻止这些现象的继续蔓延？怎样才能应对这些环境问题？昔日延用下来的概念、方法是否还能满足城市发展的需求？风景园林在这一世纪的挑战中将如何扮演自己的角色？是否地球已经被卷入一场巨大的灾难之中？拯救生存的环境是我们每个人义不容辞的职责。

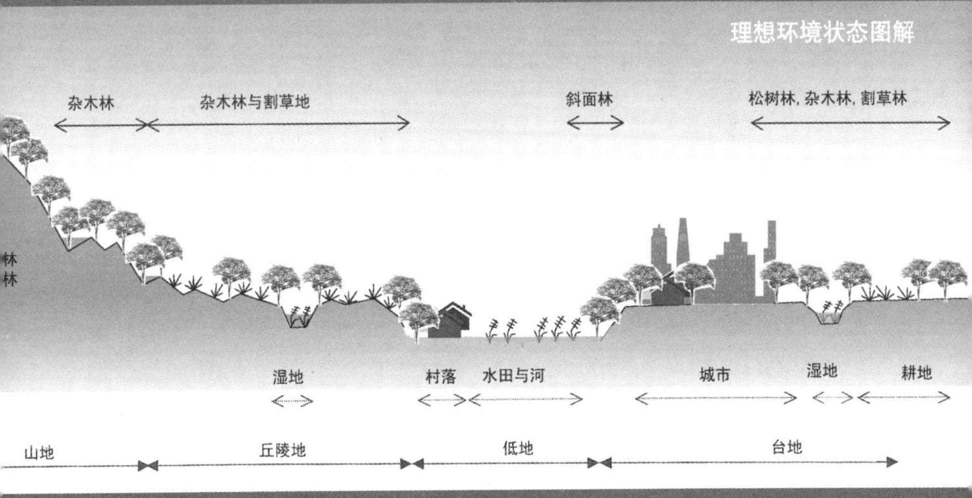

理想与现实的反差

2.3.2 人间性的丧失

在现代生活中，紧张的工作、生活节奏，使得人们的思维、行动方式更加带有机械性，人间性素朴的生活结构正面临着崩溃的危险，人类被繁重的生活压力所困扰。和谐、轻松的人居环境正在消失，很难看到悠闲、舒适的人间活动，激烈的社会竞争给人类带来患难与迷茫。现时代的生活中，人们更需要原始、自然、素朴的人间活动，当今情报信息化社会，高技术的发展带来了高情感、多样化的人间需求。人类期待着有一个协调、融洽的人居环境，在20世纪史无前例的大跃进的热潮中，我们是否需要更多一些“冷”思考！如何才能使人类生活的环境更具魅力？

当今社会像（引自：北京汽车博物馆汇报文件）

2.3.3 动物社会的乞求

Finding nemo 迪斯尼动画故事片。主人翁是一条叫“Nemo”的红色小鱼，影片叙述的是Nemo的父亲（Marling）为了寻找成为人类鱼儿之下猎物的Nemo，穿过可怕的布满海蜇的死亡区，充满危险的鲨鱼区，极难穿越的海底暗流区，并冒着生命危险，成为船主的网中之物。终于在船主自家的鱼缸中寻到了心爱的“Nemo”，并趁在给鱼缸换水之际，通过下水道逃了出来，并重新回到了大海中……。

在承受新家已被夷为平地，又失去了Nemo母亲的同时，Nemo的父亲在寻找过程中，从来没有一点怨言，历尽千难万险，只求找回自己的孩子，这部影片难道不是给我们人类极大的反思和启示吗?

迪斯尼动画中的『Finding nemo』（引自：http：//www.google.com/search?hl=ja&client=aff-ime&hs=6mr&q=finding+nemo&lr=&aq=0s&oq=finding+nimo）

2.3.4 绿与全人类

如果说人类的文明是森林文明，绿文化就是被破坏的生态系的都市型文明社会中潜在的自然生态系的再构成。当初，绿作为解决恶化的都市环境的重要一环。然而在环境问题已经超越了国境，成为全球共同的课题时，绿的课题也成为全人类的课题。从作为环境的绿扩展到作为生态系的绿，将成为全人类的历史使命和为之奋斗的目标。

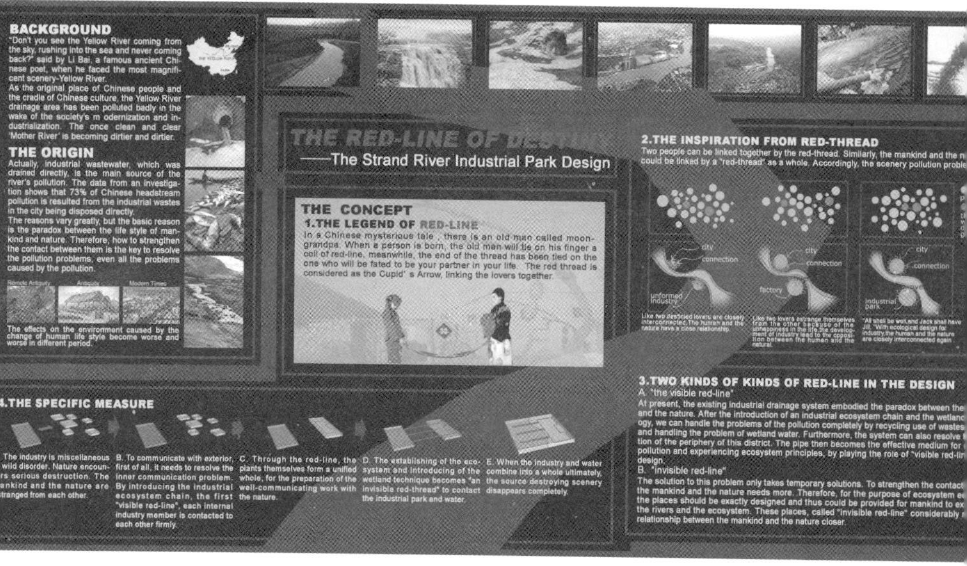

2006 年 IFLA 国际大学生设计竞赛联合参赛作品（部分）
北京林业大学：胡敏娴，景彦欣，李依
日本千葉大学：矢野真也，矶部昌宏

2006 年第 20 届日本建筑环境设计竞赛获奖作品（管诚，竹内沙也香）

2.3.5 环境资产的发现与体验

既存树林作为社会资产，有它极为重要的功能。主要包括大气净化、防灾、小气候调节、生态系统基盘、休憩娱乐的“场”、景观的创出、历史和文化性等。新时代赋予我们的职责是自然、文化、环境、社会价值的保护和最有效合理的利用，即环境资产协调均等的可持续发展。人类将去努力追求，选择一个最适合与自然共生的途径，并在这一过程中得到充分体验。

田濑理夫（Michio Tase）先生“穿越福冈”（ACROS Fukuoka）的作品被誉为最具代表性的生态设计的佳作之一。

注：穿越福冈中的图片引自《风景园林》2009，NO.4，P130，131

四季图组

全景

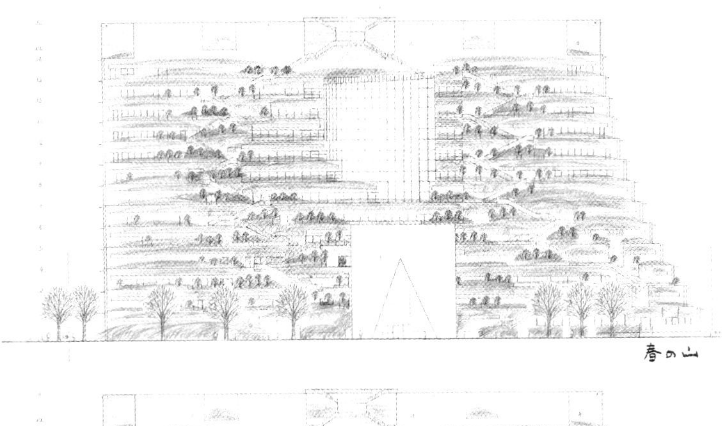

春の山

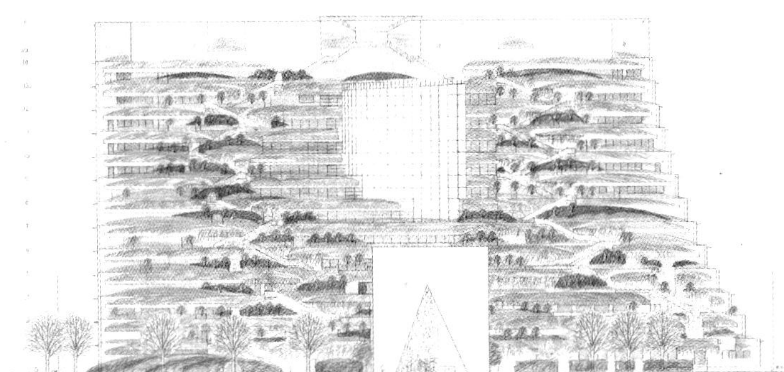

夏の蔭

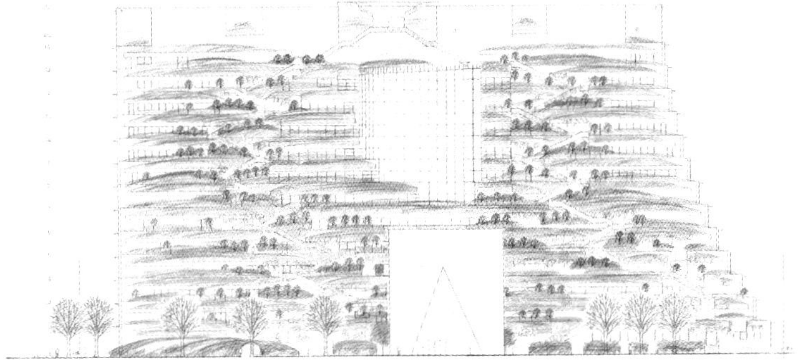

秋の林

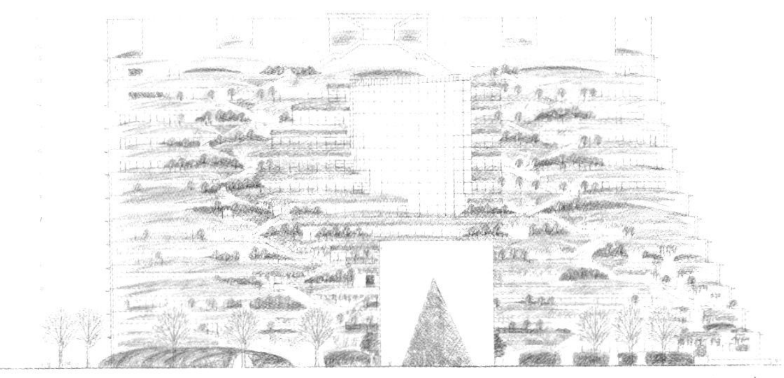

冬の森

2.3.6 人间尺度的绿地设计

人类 4 万年的历史中，从森林的砍伐揭开了文明的序幕，从土地的耕作中诞生了文化，随后是极度的开发，由此产生的绿地制度。在不久的将来，世界人口势必超过 100 亿，而其中一半以上的人口将生活在都市中。在那里，成林的绿地是人类生存最理想的环境之一。人间尺度的绿地是作为一种被水、林、土覆盖的空间和无数功能的场所为概念的设计。人类赖于大自然的森林而得以诞生，随后森林遭到破坏，人类被迫离开森林，其结果是成为环境危机的根源。森林是“生”的象征，有林的场所，将是未来的绿地。相信绿地必将重归人类的圣地“林”。

右图，没时间了！！！（初中组）的作品。将人类生存的地球比喻为“沙钟”，随着时间的推移，地球将像“沙钟”里的沙子一样，渐渐地从宇宙中消失……。环境问题不是也已进入日常生活的每时每刻吗？

（引自：松户市“创造美好未来社会”宣传画竞赛初中组获奖作品。
下图组 2008，右图 2009）

没时间了！！！

体验日本文化 | 保护乡村景观 | 保护地球 | 为了地球 | 共生 | 生命之源——大海

時間がない!

共に生きる

海は生命の源

2.4 尝试与反思

当今，迅猛发展的时代，人类毫无止境地利用与开发自然，带来了森林面积的减少、资源短缺、能源枯竭、水土流失、生态环境的严重破坏。城市周边的自然环境在飞速增长的城市化进程中被无端吞噬。城市中的公共空间、水系被不断地蚕食侵占，城市居民适宜休闲与游憩的开放空间越来越少。难道这就是人类社会发展的必然结果吗？这种始料未及，屡见不鲜的利用与开发性的破坏何时才能了结？怎样才能重新认识现实、回归美好的大自然？沧海桑田，刻不容缓，我们将如何通过自己的努力，使失去的自然重新出现在人类的生存环境之中？

接下来介绍 2009 年 10 月在新疆库尔勒市竣工的城市绿地——新华园，其中最大特点是采用了一条旱生花境的设计。起初包括当地园林局在内都持怀疑态度，市领导们更是不太容易接受。他们认为遍地都是的旱生花卉“太野”上不了“大雅之堂”。在顶住强大压力之下，还是将其赋予实施。经过精心调整后的方案，以旱生花境的形式出现，在还未到竣工之前，已被千姿百态的旱生花卉所覆盖。这可以说算是一次面对挑战的成功尝试。

新华园位于新疆库尔勒市区新华路与石化路交叉口处，属于城市公共开放型绿地。由于极度干旱的库尔勒市年降雨量仅为50mm；敷地中原有一水渠通过；交通组织与绿地的关系等等问题需要同时考虑……在这种近似矛盾的前提条件下，开始了我们的工作。

首先，在空间划分上采用地形及弧形景墙将其分为动和静、闹和悠、规整和自然两种截然不同的手法解决“通过”与“停留”的矛盾关系。用雕塑、水池、广场、台阶、垂直纵横的通路，工人切开的地形、弧形景墙、树阵、条形种植带表现“动”、“闹”区的空间特点，其中地面铺装上也力求表达多层次的空间氛围。用曲线园路，旱生花径，微地形起伏，景观石料墙、木桥、休息廊架、自然种植的林地、三色变化的烧结砖表现“静”、“悠”区的空间特点，通过细部的植栽及表达石滩地印象的旱生花境将园中的“死角”空间（Dead Space）控制在最小的范围。两种空间满足多种城市功能和不同利用群体，赋予设计更多层面的社会需求。

在此感谢沈俊刚局长，毛远峰总工及主题雕塑设计中央美术学院城市设计学院王中院长，卓凡老师，照明设计中央美术学院建筑学院常志刚院长，牟宏毅设计师。

旱生花境施工过程图组

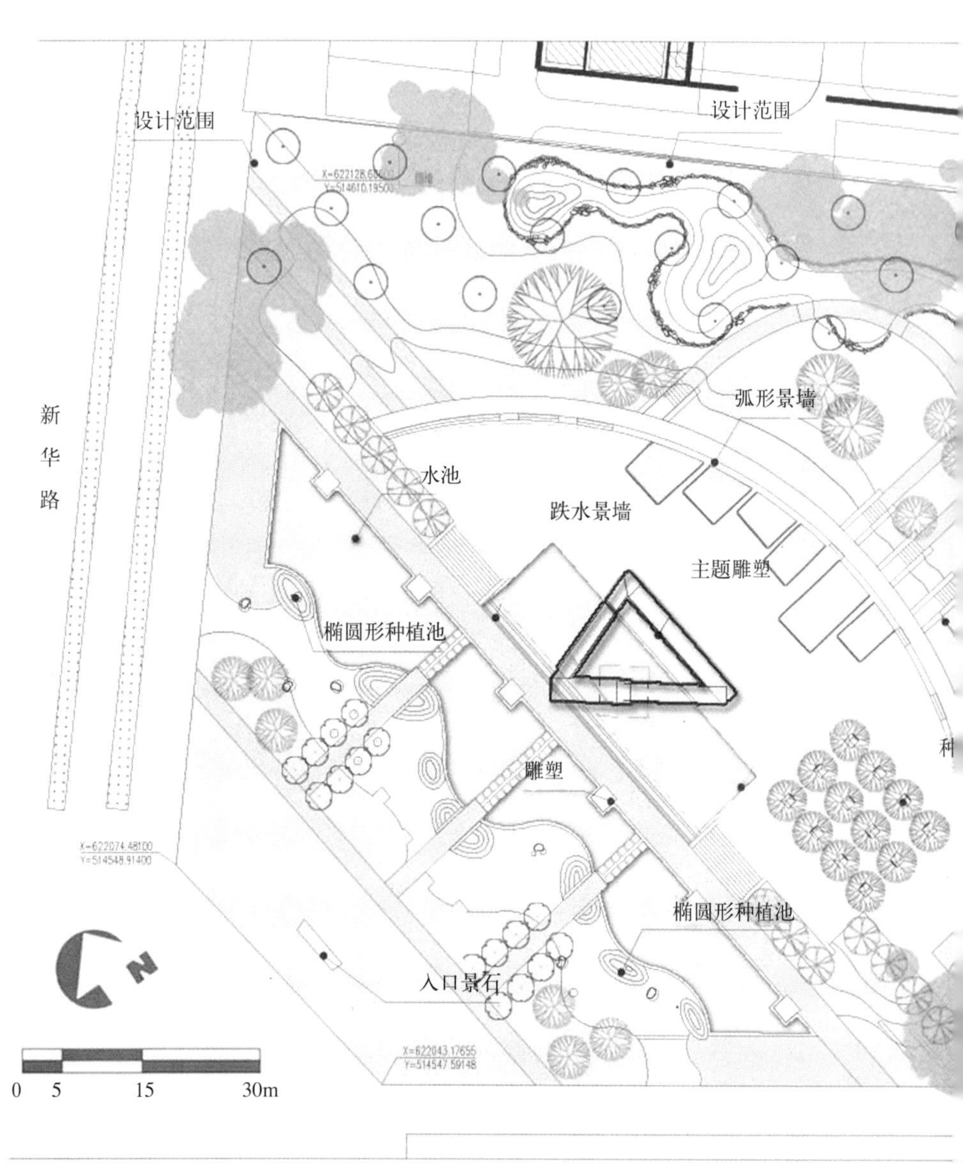
设计范围
设计范围
新华路
水池
跌水景墙
弧形景墙
主题雕塑
椭圆形种植池
雕塑
椭圆形种植池
入口景石
X=622128.60000
Y=514610.19500
X=622074.48100
Y=514548.91400
X=622043.17655
Y=514547.59148
0
5
15
30m

设计范围
凌达社区服务站
种植池
花架
园路
园路
种植池
座凳二
园路
景墙二
景墙二
设计范围
X=621932.48700
Y=514683.18400
X=621925.74200
Y=514675.78700

新华园平面

旱生花境图组

盛开的旱生花卉

旱生花境是水渠的迹象追忆和对当地自然条件的尊重表白。景观石料墙是对自然风貌的意向表达，叠水墙的片石、自然立面的台阶、四角围合的树池、艺术品化的石凳、小碎料石的路缘、米石铺面的光面石条镶嵌……，均反映了设计师的“刻意”追求。并希望通过细部处理传达这样一种信息——场地的艺术化。

	自然面台阶（正面）	自然面台阶（侧面）
荒料片石叠水墙面	强调线形的水上汀步	
雕塑与30m长水墙		

弧形廊	自然园路与地形
	“园”字石雕柱
草包与置石	自然石景墙

自然奇石＋树影＋镶嵌石条

小料石路缘

由植栽与道路构成的立体交叉线形

2.5 挑战与机遇

生活在大都市的人们，对区域文化开始感到淡漠和陌生，人类文化乃至地球生态系统的健康发展是相互依存的。环境与文化的完整性必须得以保留，人与环境的和谐是可持续发展的主要目的。我们的责任和义务在于决策好文化与自然之间的健康发展以及其间的协调、对等、均衡的关系。减少因技术和思维方式的改变而带来的区域文化特色的渐趋衰弱及文化内涵多样性的遗忘。我们应该如何面对这种变化？如何才能使被誉为人类生存环境之魂的传统文化得以更充分地体现？如何让表示历史积淀的文化更多地充满我们的生活空间？如何让环境技术及软科学得以广泛的应用？这将是人类在 21 世纪面临的最大挑战与机遇。

环境机遇是指寄予各领域的环境负荷持续改善的活动。在面对挑战与机遇的责任时代，有哪些需要设计师去审视的呢？

从规划设计阶段开始应用环境技术及环境软科学创造出节能，最小负荷量的 ECP（Environmental Conscious Products）作品。

2.5.1 环境技术的应用机遇

首先是新能源的应用机遇，最常用的是对光能和风能的利用近些年规划设计的项目中也有不同程度的应用，以氢（Hydrogen）为原料的燃料电池，以废弃的有机物为原料的生态能源（木质、下水污泥、食品废弃物、农作物等有机物）及地热、振动、海洋温差等能源的开发和利用也将作为新能源被广泛应用。同时还有节能、低耗能、低公害等环境技术的开发与利用。

其次是绿地对大气污染的防止，再资源化及二氧化物的对策，中水、雨水利用，生态材料，生物净化，生物栖息地的营造，里山(Satoyama)，生态廊道，生态避难所（ECO-PORT），生态商品等环境共生型景观设计已经成为每个人（设计师），每个集团（企业，设计事务所），每个国家不容推卸的责任。

2.5.2　环境软科学的应用机遇

环境教育，人才培养及系统开发这些年在国外讲得较多，特别是环境教育领域的应用已经涉及学生实习的课程中，主要集中在居民与地区资源的有效合理利用与保护的体系计划制定等方面，相对走向成熟阶段。不过人们对 ESCO（Energy Service Company）及气体排放权交易等内容也许听得并不是太多（详见第一章）。实际上绿地已从原有的美观，改善环境等单一的功能，演变成促进地区经济发展不可缺少的环节，并逐渐形成环境经济学体系、LCA（A Life Cycle Analysis）支援等环境经营领域方面开展国际的体系构筑。并在环境定价（A Green Rating）、生态基金（ECO-fund）、生态银行（ECO-banking）等情报展示、评价方面开拓新的环境经营市场。并将把自然环境影响控制在最小为前提；观察、理解、体验自然为主题的生态游作为主打项目，形成新的地球环境商品开发的平台，使得环境软科学应用机遇达到了进一步的长足发展。

此外，近些年的最小负荷量的规划设计理念已经得到广泛的应用，并在 2008 年第 25 届日本全国园艺博览会上，将传统的集中场馆的展示形式分散到举办城市中的 155 个场所进行展示，对环境共生型绿地建设进行了崭新的尝试与探索，并收到了预想不到的积极效果。

2009 年 1 月第 44 届美国总统奥巴马在其就职演说中也提到：今后人类追求的是一个新的“责任时代”。那么我们规划设计师应该如何面对这一新时代的挑战呢？这正是值得每位设计师去认真思考的问题。还能说“以不变应万变吗”？还能只强调设计师在作品中的所谓自我表现吗？还能只讲“以人为本”的设计原则吗？还能夸耀自己的设计是国内第一，世界没有的不朽之作吗？还能自满在北方地区设计了一片四季常绿的大草坪吗？还能惊喜在沙漠地区看到人造鱼米之乡的秀丽景色吗……？已经到了我们每位设计师需要重新审视自身环境意识的时候了，因为我们的社会已进入了一个“责任时代”，面临着巨大的挑战与机遇。

（此文引自：发表在中国园林 Vol.26/170. No.2. P35-37“由环境伦理所想到的责任时代”一文的部分内容）

（1）风土的哲学

农耕被誉为较为典型的人文风土，而都市又是被“征服”的自然的一种典型人文风土。丰富的地貌、植物、气候的季相变化等自然风土与农耕、食物、习俗、祭奠、民艺、语言等为对象的人文风土相互影响依存的关系是实现人类追求的生活环境的关键。同时也是新世纪都市文明的最好体现。如果失去它，都市将变成一个缺乏人性的场所，失去它的生命力。也许人类可以从风土的哲学中，寻求到更理想、更适合的生活环境。

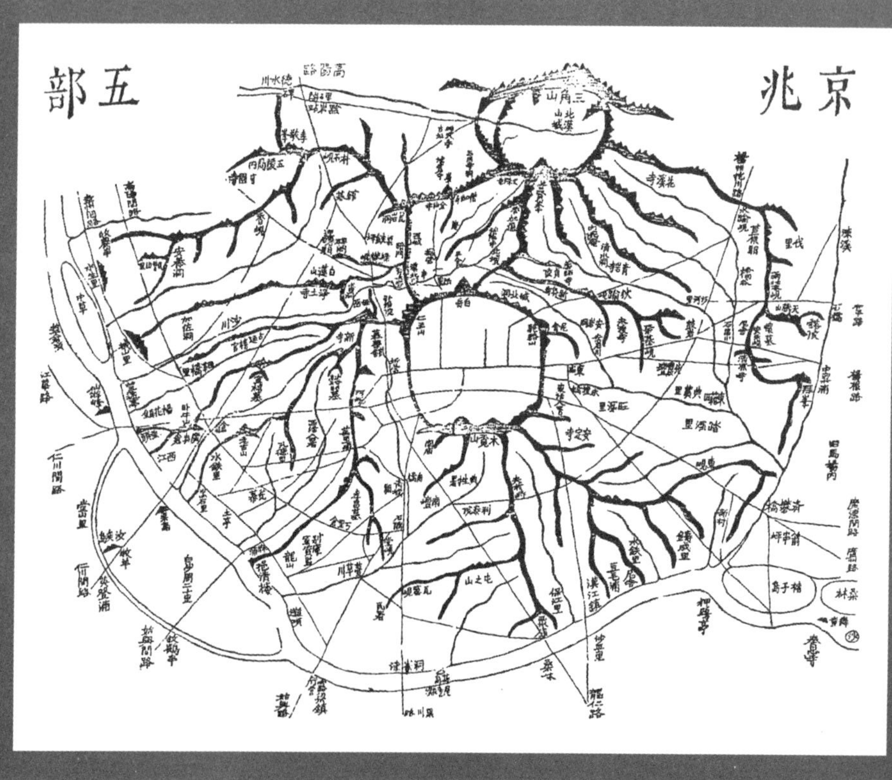

受风土哲学影响的韩国首尔地理位置结构图

（引自：環境行動のデータファイル，P145）

（2）大地博物馆

就像城市动物园发展到野生动物园一样，博物馆也不是一成不变的室内展示模式，将户外的自然湿地资源与地区的文化特征有机地结合起来，构成下图中所示的荣成国家城市湿地公园模式的“大地博物馆”。人们可以体验、参与、休闲、感受“大地”中的一切。并从中接受自然教育的洗礼、心灵的净化，被称之为当今社会理想“乐园”的模式。

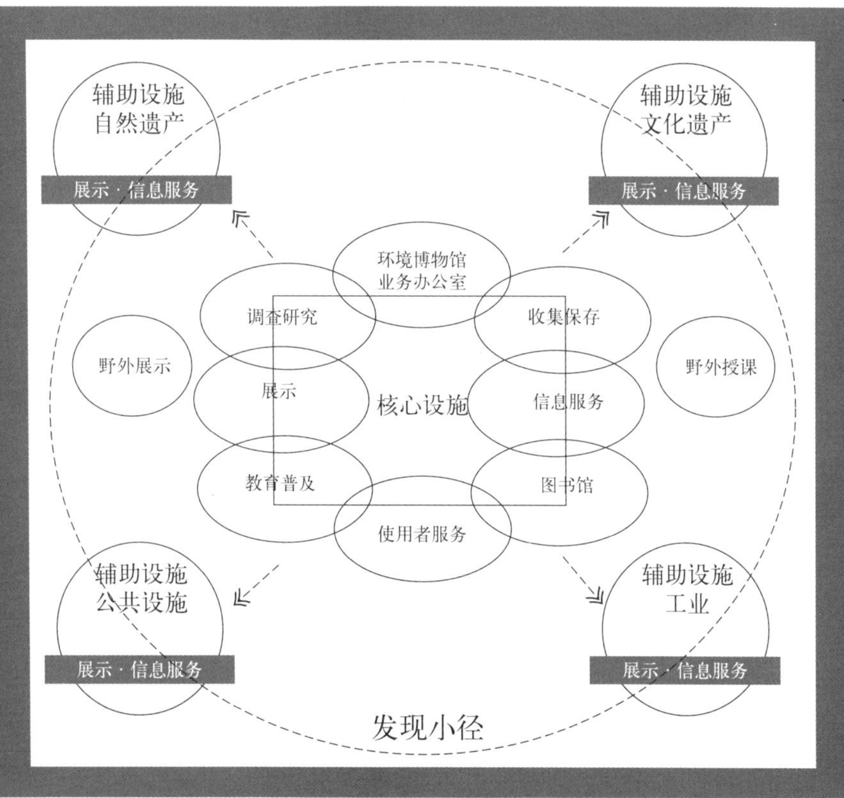

荣成国家城市湿地公园大地博物馆模式概念图

在生产力的发展、科学技术的进步、人类生活质量发生巨大变化的同时，人类的生存环境也遇到了严峻的挑战。可以相信，新世纪将是人类努力改善生存环境的责任时代。

今日，地球环境问题更加引起全社会的关注，绿色文化、生物多样性、都市的文明、生态景观、风土的哲学、大地博物馆等等，人类与自然共存已成为社会构成的一部分。

当今的时代，在社会改革、科学技术发展的基础上建立起来的生活环境，并不一定就是人类所期待的家园。人类不断得以提高的生活水平，实际上是在追求物质上的便利性和快适性的满足。然而生活本身的含意到底怎样去解释？渴望自然是人类的天性，那种轻松、愉快的昔日生活方式，传统习俗的再现等生活文化在精神上的追求，不正是理想中的生活环境吗？都市文明的活动恰是故乡再现的一种表现。无论人们走到哪个公共场合，都会像是在故乡的一种感觉。在那里人们自由的交流、自由的行动，并通过右图 “伞”这样一个媒体，将人们联系在一起，无论是雨天，还是晴天，都将成为分布在城市各个角落的“都市驿站”。

UMBRELLA FOREST

Strengthen the communication possibility between people through umbrella.

Change the traditional placement of umbrella by changing the umbrella frame; we design a new "frame" in outdoor space.

Through the people put the umbrella and take the umbrella, creating freely and changeable place by ourselves under the umbrellas. In conversation, common shelter under the umbrella shade, sharing the public space under the umbrella. From sharing the umbrella, we create a Community Gathering Place with Umbrella Forest.

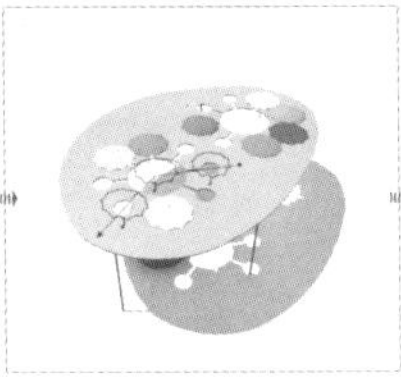

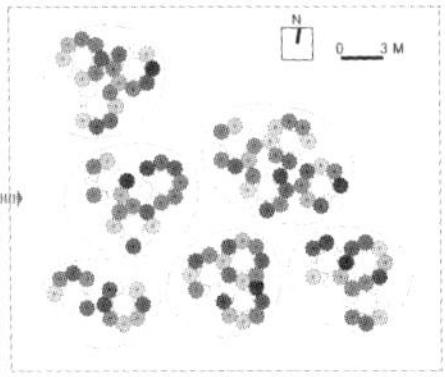

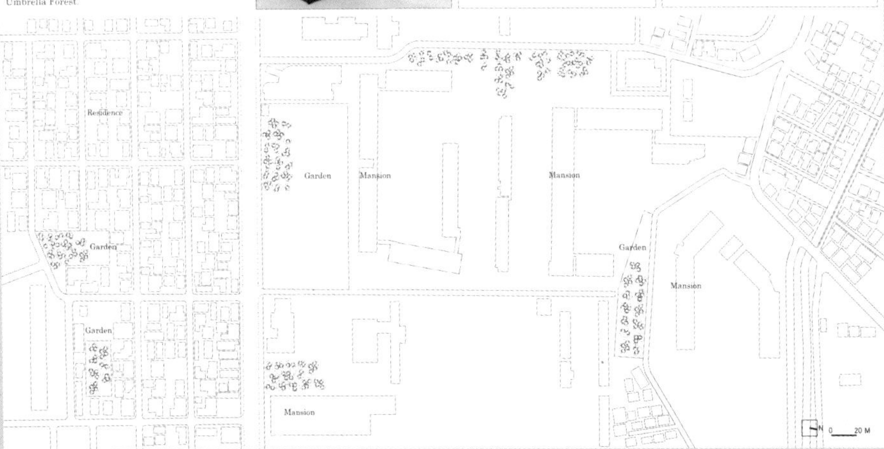

09 第 44 届玻璃国际设计竞赛参赛作品（高若飞，耿欣）

松户樱花节

作为举国大庆的樱花节（引自：http：//jnishimoto.slmame.com/e578202.html)

阿凡达影片中的未来像（引自：http：//movies.foxjapan.com/avatar/)

(3) 花与绿的庆典及生活文化的创造

花与绿的庆典不仅只是一个普通的纪念事业，也是对整个区域生活文化起着极大的影响作用，是社会向上繁荣的一种表现。从日益增长的花和绿的消费中可以看到，更大规模的花木中心的出现,将是描写新世纪全社会“未来像”的初笔。当今，在全球规模的环境问题的影响下，多彩的花与绿的纪念事业，园博会的展开，将是人类社会新生活文化产生的源泉和时代需求的反映。

(4) 跨越星球的对话

卡梅隆2010年仅用了36周时间便以18亿4300万美金创全球票房榜最高纪录的影片阿凡达，描述了外星人与环境共生的美好画面，同时也暗示了人类无视外星人赖以生存的共生体系。影片虽以人类无奈地退出而告终，但留下的却是毁灭性的大破坏,不知需要到何时为止才能恢复昔日的“宁静”和“安详”。影片从另一个方面揭示了人类的“恶行”，极深刻的提示人类必须遵循这一“共存”的理念，无论人类社会发展到何等强大。违背这一自然规律，也必定会导致失败!!!

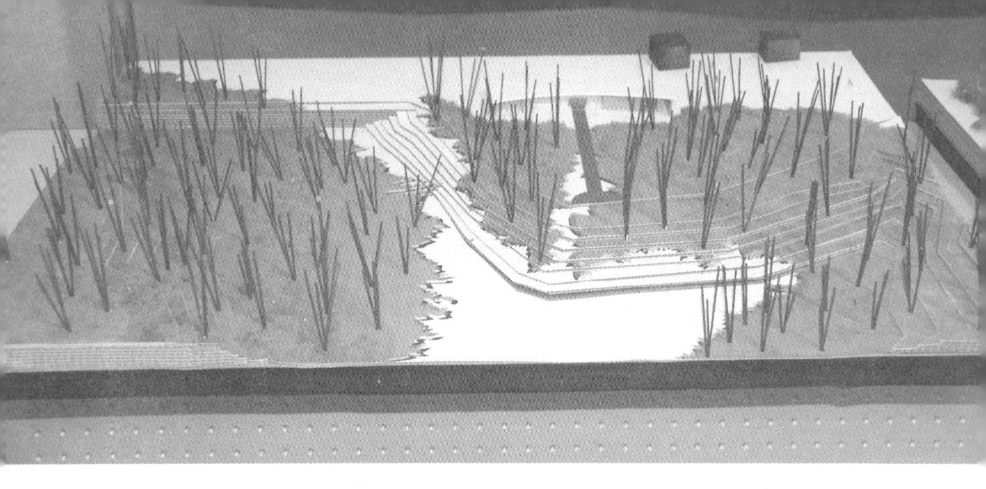

（5）作为区域文化的农地保护

作为农村与城市居民的交流，体验田园生活的人数逐年上升。在这种背景下，传统的水田、农田景观的保护作为区域的一种文化被人类所共识。农地的公益机能成为区域文化不可缺少的一部分。传统的农业和农地景观是极具魅力的区域文化，它包括丰富的自然要素，是区域个性景观形成的关键。在维持这一系统的过程中，人类将会得到许多许多。

日本千叶大学大学院研究生设计实习提交成果（部分模型 2010.2）

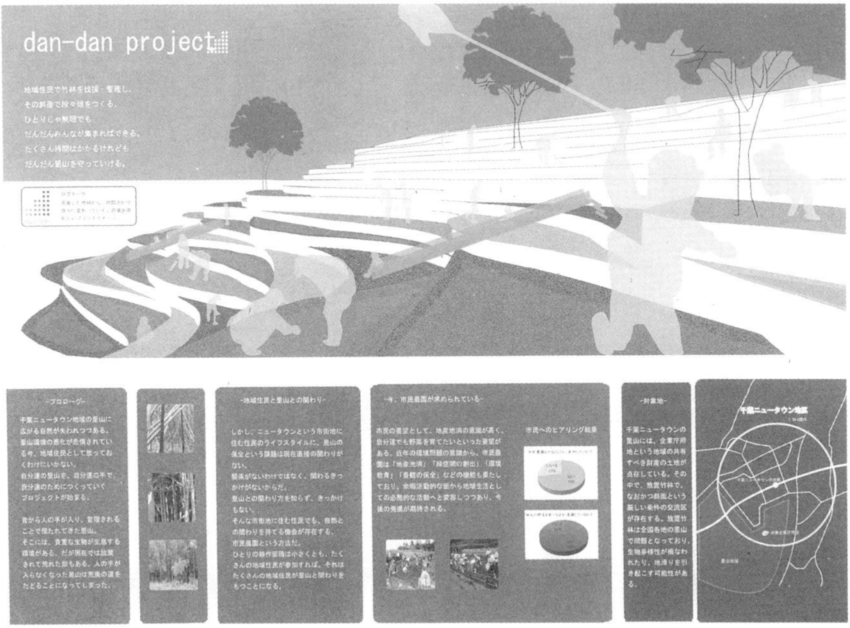
dan-dan project
地域住民で竹林を伐採・管理し、
その斜面で段々畑をつくる。
ひとりじゃ無理でも
だんだんみんなが集まればできる。
たくさん時間はかかるけれども
だんだん里山を守っていける。
-プロローグ-
-地域住民と里山との関わり-
-今、市民農園が求められている-
市民へのヒアリング結果
-対象地-
千葉ニュータウン地区

日本千叶大学大学院研究生设计实习提交成果——市民农园（部分 2010.2）

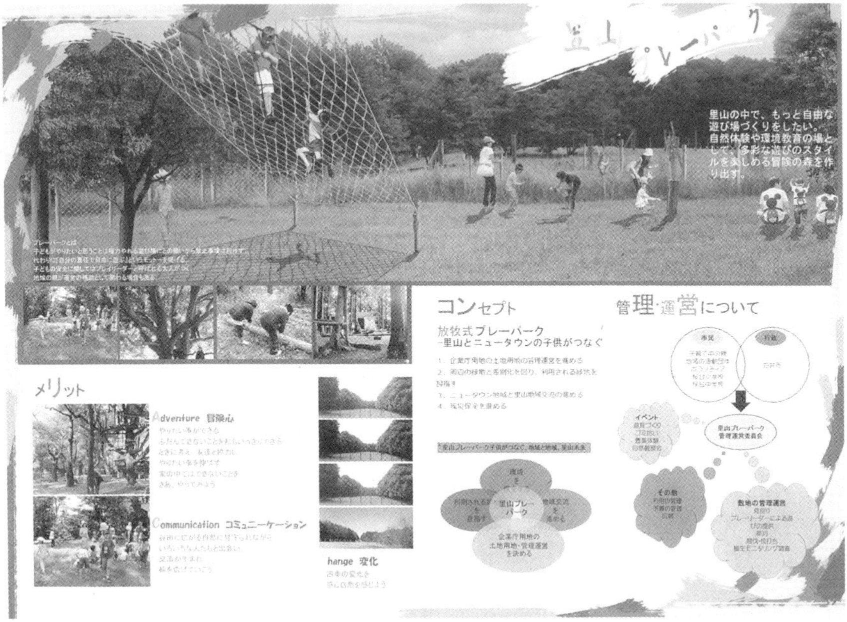
里山プレーパーク
里山の中で、もっと自由な遊び場づくりをしたい。自然体験や環境教育の場として、多彩な遊びのスタイルを楽しめる冒険の森を作り出す。
コンセプト
放牧式プレーパーク
-里山とニュータウンの子供がつなぐ
管理·運営について
市民
行政
里山プレーパーク管理運営委員会
メリット
Adventure 冒険心
Communication コミュニケーション
hange 変化

日本千叶大学大学院研究生设计实习提交成果——里山乐园（部分 2010.2）

场景模型 1

场景模型 2

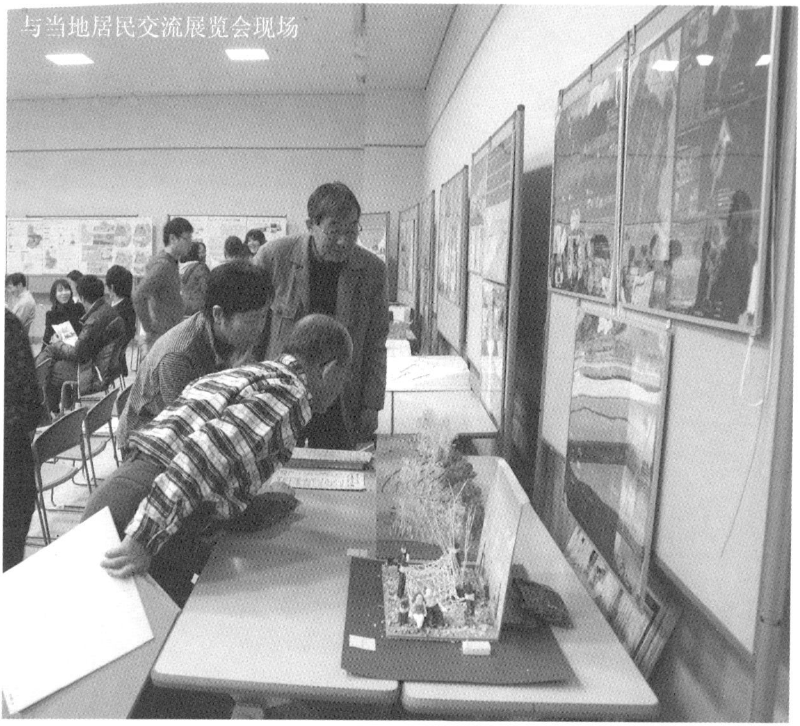

与当地居民交流展览会现场

场景模型 3

场景模型 4

(6) 都市生活的再创

新世纪的都市生活应该包括新鲜安全的农产品及其加工品；在大自然中自然观察的情操熏陶；体验农林渔业的娱乐；在优美自然景色中的休憩；传统个性的区域文化的感受；充满人情味的相会等魅力无比的生活环境。这种区域经营型“绿”的享受，必将成为新时代的发展趋势之一。这种文化与环境的均衡发展，也将成为未来都市生活再创的基础。

参考文献

[1] 高橋鷹志＋チーム EBS. 環境行動のデータファイル:（株）彰国社（東京），2003.

[2] 山内友三郎ら監訳 . 地球の洞察:（株）みすず書房（東京），2009.

[3] 章俊华 . 创造新世纪的绿色文化：中国园林，Vol.17/73,2001. NO.1 P4 ～ 6.

[4] 章俊华 . 王绍增 . 由环境伦理所想到的责任时代：中国园林，Vol.26/170，2010. NO.2 P35 ～ 37.

[5] 风景园林 . 2009. NO.4 P130,131

[6] 尾関周二·亀山純生·武田一博 . 環境思想キーワード：青木書店（東京），2005.

[7] エコビジネスネットワーク . 新·地球環境ビジネス 2003 ～ 2004：（株）産学社（東京），2003.

[8] 御代川貴久夫·関啓子 . 環境教育を学ぶ人のために：世界思想社（京都），2009.

新潟大地艺术展作品——147号松代“农舞台”之梯田　耿欣 摄

3

雕塑——→景观

高若飞

2008年参与了《Landscape感性》一书的编写工作，在所负责的章节中，对来日两年中走访、参观过的印象深刻的美术馆建筑的环境设计做了分析，希望能为风景园林和景观从业者们提供一些可借鉴的设计手法。在逐一品味这些精彩景观的同时，作为美术馆展品之一的雕塑，特别是那些以自然环境为背景的室外雕塑作品也时时冲击着视觉、震撼着心灵。因此在随后继续的建筑景观之旅中，又加上了雕塑这一条目。

无论是遍布列岛的美术馆中，还是公园、广场车站等城市公共空间遍布的雕塑作品已经成为日本社会中美的大众化、艺术的大众化的最直接、最有力的说明。

在本书《Landscape感悟》的选题之时，笔者便在思考，雕塑作为造型艺术中的一个重要门类，与景观有何关联和影响，在日本大量的雕塑作品又是以何种形式参与景观的形成，能否通过对雕塑作品及其构成的景观的了解和认识，使风景园林和景观的设计者们有所感悟，进而在中国Landscape的艺术性上进一步发展和创新。

另，在本章节材料和内容的整理和写作之余，笔者考察了3年一次在日本新潟县举行的大地艺术展,在日本原风景“里山”的舞台中，来自世界各地的艺术家们与日本本土的艺术家们一道，创作了无数动人的雕塑和建筑作品，这些作品与里山风景共同构筑了日本列岛的大地艺术景观。笔者将此次大地艺术展作为一节简要介绍，来展现雕塑与景观的另一个侧面。

新潟大地艺术展作品 ——159 号○△□的塔和红蜻蜓　耿欣 摄

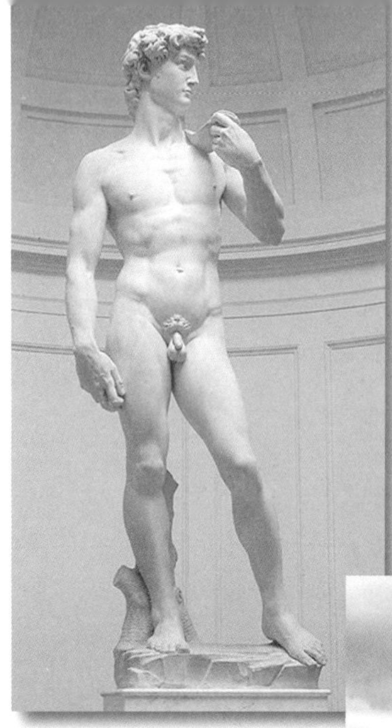

▲
大卫像 / 米开朗琪罗
（http：//ja.wikipedia.org/wiki/ ダビデ像）

白熊 / 弗朗索瓦 · 彭蓬
（http：//ja.wikipedia.org/wiki/ フランソワ•ポンポ
▼

思想者 / 罗丹
（http：//ja.wikipe
org/wiki/ オーギュ
ト•ロダン）
◀

▲
妙梦 / 安田侃
（http：//ja.wikipedia.org/wiki/ 安田侃）

▶
时间的旅行者 / 新宫晋
（http：//ja.wikipedia.org/wiki/ 新宫晋）

3.1 雕塑概述

3.1.1 雕塑的概念

雕塑是以美术鉴赏为目的，利用各种素材制作而成的立体的艺术作品、表现手法及其表现领域。

根据素材和手法的不同，雕塑又可以进一步划分为使用硬质素材进行雕琢的“雕刻”(Carving) 和使用可塑性素材进行形体塑造的“雕塑”(Modeling)。在此笔者用雕塑一词统一指代两者。

雕塑的素材涉及广泛，主要有石材、木材、土、纤维、纸、石膏、金属、树脂、玻璃以及蜡等。也有很多作品由多种材料组合制作而成。

最初，雕塑的对象、主题是人、动物等具象的形体，被称为具象雕塑，20 世纪后，逐渐转变为表现感性和精神的抽象雕塑。

现代，雕塑的范畴已不局限在传统的概念之中，其表现也更趋于多样化，“立体艺术”、“空间表现”、“装置艺术”等都是现代雕塑的各种面孔。

3.1.2 西方雕塑简史

雕塑与人类文明相伴而生，石头工具是雕塑的雏形

菲狄亚斯（Phidias，约公元前480年～前430年）是古希腊的雕刻家、画家和建筑师，被公认为最伟大的古典雕刻家。其代表作品有“宙斯神像”和“雅典娜像”等，但都已被毁，仅有复制品传世

第一高峰（古希腊·古罗马）

米开朗琪罗（Michelangelo di Lodovico Buonarroti Simoni，1475年3月6日～1564年2月18日），意大利文艺复兴时期的雕塑家、画家、建筑家和诗人。是西方古典雕塑第二高峰的代表人物。主要的雕塑作品有“哀悼基督”、“大卫”、“摩西”等

第二高峰（意大利文艺复兴）

维林多夫的维纳斯（http：//images.google.com）

“维林多夫的维纳斯”是迄今为止发现最早的雕塑作品。

雅典娜像（复制品）/ 菲狄亚斯（http：//en.wikipedia.org/wiki/Phidias）

哀悼基督 / 米开朗琪罗（http：//ja.wikipedia.org/wiki）

古斯特·罗丹（Auguste Rodin，
年 11 月 12 日～1917 年 11 月
），是 20 世纪世界闻名的雕塑
被称为“近代雕塑之父”，是西
典雕塑第三高峰的代表人物。
的代表作品有“地狱之门”、“思
”、“加来市民”等

未来派是 20 世纪初起源于意大利的前卫艺术运动，它倡导对过去艺术的彻底破坏，并通过机械化来实现社会的速度化。该运动扩展到文学、美术、建筑、音乐等多个领域，并于 1920 年后，被意大利法西斯所采纳，赞美战争是“使世界卫生的惟一方法”。代表性的未来派雕塑家有 Umberto Boccioni 等

第三高峰（19 世纪的法国）

未来派（20 世纪初）

古典雕塑

现代雕塑

之门 / 罗丹
：//ja.wikipedia.org/wiki）

市民 / 罗丹
：//ja.wikipedia.org/wiki）

（部分）/ 米开朗琪罗
：//ja.wikipedia.org/wiki/ モーセ）

空间中连续性的惟一形态 /Umberto Boccioni
（http：//ja.wikipedia.org/wiki）

超现实主义艺术运动开始于1924年《超现实主义宣言》的发表。在思想方面，它受西格蒙德·弗洛伊德的精神分析学说的强烈影响，在视觉上，则受乔治·德·基里科的形而上派的绘画作品的影响。相较于个人意识，超现实主义更加重视无意识、集体意识、梦和偶然等方面。超现实主义风格的雕刻家主要是毕加索、亨利·摩尔和贾柯梅蒂

超现实主义（20世纪20、30年代）

现代雕塑

芝加哥·毕加索/毕加索
（http：//ja.wikipedia.org/wiki）

大型四件斜倚的人像/亨利·摩尔
（http：//ja.wikipedia.org/wiki）

斜倚的人像/亨利·摩尔
（http：//ja.wikipedia.org/wiki）

女人和她的割喉/贾柯梅蒂
（http：//en.wikipedia.org/wiki）

写实主义，又称照相写实主义，主要盛行于 20 世纪 70 年代的美国。超级写实主义的美术家以冷静客观态度，极为细致地再现日常生活场景和普通人的形象，仿佛照相机摄下的物象一样。超级写实主义的雕作品如同真人一样，代表性的雕塑家有杜安·汉森和约翰·迪安德烈亚

超写实主义（20 世纪 70 年代）

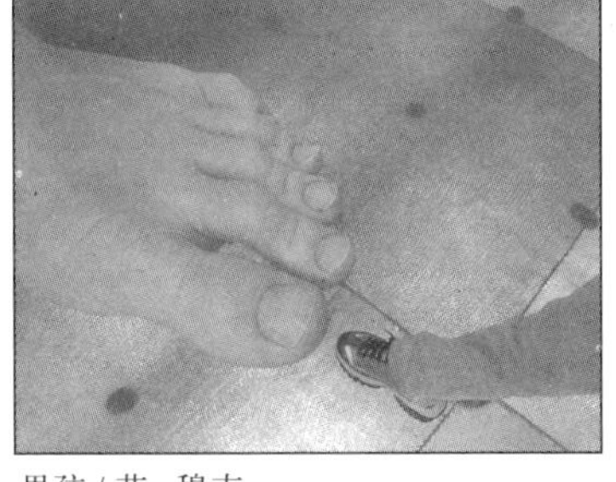

男孩 / 荣·穆克
（http：//en.wikipedia.org/wiki/Ron_Mueck）

汽车经销商 / 杜安·汉森
（http：//museum.oglethorpe.edu）

惑的孩子 / 杜安·汉森
ttp：//museum.oglethorpe.edu）

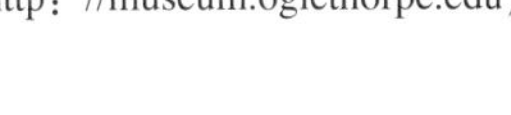

有胳膊的瘦女人 / 贾柯梅蒂
ttp：//hakone-oam.or.jp）

千叶港公园入口雕塑

3.2 日本的室外雕塑

3.2.1 室外雕塑的概念

在日本，关于室外雕塑的名称主要有3种定义，分别为：屋外雕塑、户外雕塑和野外雕塑。

屋外雕塑是指设置于屋外的雕塑，在与室内雕塑相对的情况下较多使用。

户外雕塑则来自于美国人Robinett所著的《户外雕塑——对象和环境》（鹿岛出版会，1985）一书，在该书的日文版中，译者千叶成夫使用了“户外雕塑”一词。

野外雕塑的名称来自于松尾丰，他将野外雕塑定义为以基本的衣食住以外为目的，人类对木、石、土等多种素材通过雕刻、消减、添加等手法，构成的设置于野外或者屋外的具有较高精神性的造型物。

本文基于以上3种名称和定义，将其统称为“室外雕塑”。

室外雕塑是指在公园、道路等公共空间设置的雕塑作品。在日本，自古就有在室外设置雕像等纪念物的传统。从1965年在山口县宇部市举行的现代雕塑展、1968年在神户须磨离宫公园举办的现代雕塑展开始，将雕塑展上获奖的作品设置于城市空间中的体系开始逐步普及。在“文化行政”、“地方时代”等标语口号下，很多地方自治体都开展了“具备雕塑的区域开发”事业。另外在东京立川市的“创造立川”（1994）、新都心“新宿I岛”（1995）、六本木新城（2003）等城市用地再开发项目中，以雕塑为主的“艺术工程”也愈发瞩目和重要。

3.2.2 室外雕塑的分类

日本的室外雕塑数量众多，据竹田直树于1995年的统计，全日本的室外雕塑总数量在10000以上，而经过了14年，这个数字应该又会增大很多。面对大量的室外雕塑作品，本文从雕塑的设置意图和设置场所两个方面来解析日本室外雕塑。

1. 设置意图

根据室外雕塑设置者的意图和雕塑存在的作用，可将其分为7类。

（1）民俗学的室外雕塑

以祈祷和信仰的对象为主要目的而设置的室外雕塑。此类雕塑被认为是历史最久的雕塑。如在山中和有宗教信仰地区散布的佛像、在乡间的道路旁散布的是地藏菩萨、神社的石狛犬和神马，以及在街边和各种设施周边布置的观音像、交通安全祈祷像、水灾救助祈祷像等。

（2）肖像的室外雕塑

以称颂历史人物或在特定地域、场所留下业绩的功劳者的荣誉的室外雕塑。如校园中设置的“二宫尊德像”、作为富山县肖像雕塑代表的“高山右近像”、新潟县左渡真野町的“山本悌二郎先生像”、新潟市的“新津恒吉氏座像”等。

野佛
（http：//commons.wikimedia.org/wiki）

高山右近像
（http：//www.takenakadouki.com/works/achieved/05_hokuriku/05takayama_ukoni.htm）

(3) 象征的室外雕塑

象征特定的地域、场所、时代背景特征的室外雕塑。如长冈市明治公园的“和平像”、滑川市中央公园的“美丽的海之塔”等，前者和被空袭烧毁的长冈市公园内的非核和平城市宣言碑一同象征和平，而后者则作为海的城市滑川的象征，在滑川站前与城市的面貌融为一体。另外在校园内也设置了很多象征年轻人健康成长、朝气蓬勃的雕塑。

和平祈念像 长崎和平公园
(http：//www.panoramio.com/photo/15921938)

水的神殿
（http：//portal.nifty.com/cms_image）

（4）纪念碑的室外雕塑

以纪念特定的大事件、历史事件、公共的大型工程、城市建设、公共设施开馆等为目的的室外雕塑，即纪念碑。此类雕塑多设置于广场等公共空间。如新潟站南口广场的“水的神殿”即结合喷泉和照明设置的雕塑，该雕塑与站南建筑群于同一时期设置，是纪念该地区城市规划的纪念碑。新潟市立美术馆前的“Waving Figure”雕塑则是作为开馆纪念作品与坐落于海边的美术馆建筑相呼应。

(5) 街边的室外雕塑

有计划地设置于街边、街角等日常的生活空间，在生活风景中起点景作用的室外雕塑。该类雕塑也被称为具有与人们日常的购物、散步等外出活动场所形式相协调的环境雕塑。

(6) 美术馆的室外雕塑

美术馆的室外雕塑是指在公园、道路或山地间等特定的具有广阔场地的室外限定空间中，作为美术馆或展示馆而集中设置的雕塑群。初期，以公园为展示空间进行雕塑展示的形式较多，作品也多来自于原本在美术馆室内空间展示的作品，多通过对著名雕塑家的作品以及当地出身的雕塑家所作青铜化以及增加基座石的方式来实现室外展示。虽然作品的质量与雕塑家的知名度有很大关系，但由于很多作品并非为室外展示而创作，因此作品与展示的空间、环境不协调的情况也比较多。另外根据鉴赏者的欣赏水平不同，这种雕塑与环境的不协调、不一致，使得该类展示空间多被认为是室外雕塑的墓地，并被冠以“雕塑公害”的污名。

Backless（日本のパブリック・アートP137 ）◀

▶旅途记忆（日本のパブリック・アートP137）

片刻（日本のパブリック・アートP137）▶

◀引入天空（日本のパブリック・アートP172）

日本近代洋装发祥地纪念雕塑（日本のパブリック・アートP145）◀

▶漂浮的雕塑3（http：//www.hakone-oam.or.jp/works/sakuhin_yagai.html）

（7）自发的室外雕塑

雕塑家根据自身的想法、思想而创作并在室外设置展示的雕塑。在某一特定空间以室外展示场的形式进行雕塑设置的实例很多，但是自发的室外雕塑与美术馆的室外雕塑的不同之处在于，前者是基于雕塑家自身的意愿而进行的雕塑设置。新潟市内位于沿海的国道和松林之间的“碌块苑”即是私人设立的雕塑展示场。长冈市郊外南蛮山的“石雕之路”则是新潟县的雕塑家们的作品展示场，在每年的特定时期——盂兰盆节，在专业的石匠的指导下，雕塑家们使用当地的石材——釜泽石进行雕塑创作和展示。这种常年创作常年展示的室外雕塑全群在全日本也并不多见。

除了以上 7 种分类以外，时代超越了当初设置者的意图并赋予既存的雕塑以新的意义的情况也比较多。设置于 JR（日本旅客铁路公司）高冈车站前的“大伴家持像”雕塑即是最初的肖像雕塑转化为象征的雕塑的实例。另外最初作为纪念碑而设置的雕塑作品，随着时代的变迁转化为该地域的象征雕塑的案例也比较多。

大伴家持像（http：//www.uraken.net/sozai/toyama.html）

石雕之路（http：//www.mapple.net/photos/I01500031201.htm）

2. 设置空间

室外雕塑的设置场所以及围绕雕塑的空间有着与室内雕塑状况不同的重要意义。根据空间的大小、雕刻的背景、设置者的意图等，将室外雕塑的设置空间分为 6 类。

（1）有机的公共空间

是对以公园为代表的公共空间的总称。广义上指包括流水、植物等有机物的空间。而公园原本上就是为人们提供安宁、休憩、情趣和愉快的公共空间。高冈市古城公园内的“艺术森林”、富山市松川浆果公园中的“雕塑散步道”、上越市高田公园内“青铜的散步道”等空间都是包含室外雕塑群的公共空间。而美术馆室外雕塑的设置则是在市民追求宁静和休憩的场所中加入了人类的精神产物，具有积极的意义。

（2）开放的提供空间

以广场和空地为代表的，与用地的公私性无关的空间的总称。包括文化设施区域内的广场、站前广场、商店街的空地等作为停留场所供人们利用的中小型空间。已成为文化区域的新潟县民会馆前广场、为纪念新潟站南口开通以及站南开发的新潟站南口广场等实例则显示了城市开发空间中设置纪念物的倾向。

（3）福利的精神空间

包括政府、学校、医院、福利设施等的前庭、中庭、绿化带以及神社内空间等小空间。如新潟市政府中庭内设置的以爱为主题的雕塑“家族”、新潟市公会堂前庭中设置的“和平像”雕塑都是为向市民传达希望和鼓舞而设置的。该类空间是通过较高精神性的雕塑作品，构成向市民传达信息的服务性的小空间。因此在该类空间中设置人物像和体现该类场所的象征性作品的情况较多。

（4）街边的点景空间

街角、街边等日常生活中人们经常不经意经过的风景中雕塑作为点景而存在的生活空间。在高冈市御旅屋路、新横街、中川路等街边，创作了与“Backless”、“片刻”、“旅途的记忆”等各种雕塑作品调和、融合的空间。但是此类空间最初并非为雕塑设置而作，而是有意识的选择与空间相协调的雕塑作品。因此产生了与空间场所相协调的并具有独立的存在感的环境雕塑。

（5）自然环境的风景空间

山间、河流等自然环境丰富的风景空间。位于长冈市郊外南蛮山的山路边的石雕塑群则表现了树木和四季的美。

（6）建筑物的附属空间

建筑物最初建成时所附带的狭小空间。富山市产业奖励馆的外墙浮雕即是抛开建筑物则无法存在的雕塑作品。

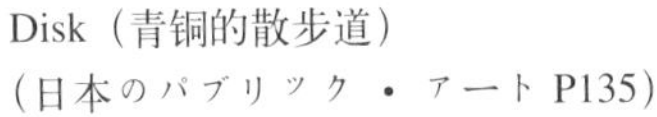
Disk（青铜的散步道）
（日本のパブリック・アート P135）

3.2.3 室外雕塑的历史

根据设置意图的分类，结合实例明确日本室外雕塑的发展史及其特性。

(1) 民俗学的室外雕塑的历史

1) 绳文时代，弥生时代

石棒和圆形列石是最早的室外雕塑。石棒是男性生殖器的象征，出现在绳文中期，在后期和晚期逐渐小型化。在北陆地区有很多的石棒出土，而在现存的石棒中较为有名的则是长野县佐久町的2.23米的大石棒。用于祈祷子孙繁荣和人类再生的石棒体量巨大并具有强烈的存在感，同时也是公共空间的信仰对象。从其含义上看，它也具有较强的空间性和非日常的存在感。

圆形列石是绳文后期的代表性的室外雕塑。有名的秋田县鹿角市野中堂遗迹的圆形列石就是由高80cm的石柱构成。关于圆形列石的功能有日晷说和墓地说等说法，在造型上则是由石柱按照圆形排列构成。长野县佐久町的大石棒和秋田县鹿角市的圆形列石都是具有公共性的集团信仰物，另外也具有不可思议的巨大的空间性。这两类室外雕塑虽然用途功能不同，但是随着它们的小型化及其后在日常空间中的出现，其市民性也逐渐增强。

弥生时代的室外雕塑到目前为止，几乎还无法确认。

2) 古坟时代

古坟时代的室外雕塑的代表是埴轮（土俑)。即在古坟周围并排放置的素烧的陶器。很多表现人物和动物的陶器都具有较高的艺术性。由于它们具有祭奠权利者的意义所以将其归类于民俗学的室外雕塑。而到了古坟时代后期，该类雕塑用于装饰古坟的意义增强，所以也看作是最早出现的装饰性室外雕塑。

另外在该时期与埴轮同样具有装饰古坟作用的石人和石马也属于这一时期的室外雕塑。

大石棒
（http：//userdisk.webry.biglobe.ne.jp）

野中堂遗迹
（http：//www45.tok2.com/home/todo94/tokuhokkaidotohoku.html）

刀形植轮
（http：//www45.tok2.http：//www.bell.jp/pancho/k_diary-2/2008_05_18.htm）

人物植轮
（http：//www45.tok2.http：//www.bell.jp/pancho/k_diary-2/2008_05_18.htm）

明日香村猿石
（http：//blog.goo.ne.jp/tetsuro_adachi/e/）

须弥山石
（http：//www.t-katsuhiko.net/asukanosekizoubutu/A2_1.htm）

地狱谷线刻磨崖佛
（http：//www.astrophotoclub.com/sekibutu/jigokudani2.jpg）

臼杵磨岩佛
（http：//ja.wikipedia.org/wiki）

3）飞鸟时代

该时代的代表性室外雕塑是猿石。较为有名的奈良县高取町和明日香村的猿石被认为是和当地风俗的祭祀相关的造型物。借助从朝鲜半岛传来的当时最高水平的石工技术，使得猿石具有很高的艺术性。另外从其滑稽的表情和室外设置这两方面看，猿石远比佛像的市民性高。另外被称为龟石的石材造型物在飞鸟地方也有出现。

虽然这一时期也存在须弥山石和石人像，但二者通常被认为是庭园的水景设施，所以两者应该是最早的环境装饰的造型物。

4）白凤时代

平成3年5月奈良县当麻町石光寺内挖掘发现了被称为日本最古老的白凤石佛，动摇了丸雕室内石佛的雕塑史的学说。而被石造美术的研究者们称为石佛的室外雕塑就出现于这一时期。兵库县加西市的“古法华三尊石佛”和“五尊石佛”虽然破损严重，但被认为是日本最古老的室外石佛。另外磨崖佛也是出现于奈良前期。

5）天平时代

奈良时代后期即天平时代的室外雕塑的代表是位于东大寺大佛殿前的“灯笼乐人”。透雕则是现存的日本最古老的青铜室外雕塑。奈良市高畑町的“头塔石佛”是表现天平后期样式的佳作。

6）弘二·贞观时代

平安前期，即弘二·贞观时代的室外雕塑的特征是磨崖佛的兴盛。滋贺县栗东町金胜山中巨大的花岗岩制的“如来三尊磨崖佛”是这一时期的代表作，也是磨崖佛中的极品。而佛像及其周边的景观随着时代的变迁已经成为其周边地区的一种象征。

7）藤原时代

作为密教石塔的宝塔和五轮塔以及净土教的阿弥陀石佛的数量迅速增加，各地也兴建了大量的厚肉磨崖佛和石窟佛。这都是该时期室外雕塑的特征。大分县臼杵市的臼杵磨岩佛因其在峡谷和悬崖雕刻的诸多大佛像而闻名。而富山县上市町的“日石寺磨崖佛”作为日本最古老的不动明王，则是立山信仰存在的证明。

8）镰仓时代

该时代的室外雕塑是之前的石佛加上狛犬的石造美术的全盛期。磨崖佛逐渐小规模化，并在大和文化圈内达到鼎盛期。奈良市春日山的“滝坂石佛群”是镰仓磨崖佛的代表之作。另外在镰仓时代开始出现了石造丸雕的狛犬。作为室外狛犬的京都府宫津市大垣的“笼神社狛犬”则因其是反映大和样式的手法的最古老的作品而闻名。这个时期的室外石佛不仅在形式上得以流传，并且逐渐小型化，空间性也逐渐减弱。

9）室町时代

该时期的室外雕塑的代表作是镰仓高德院的“阿弥陀如来佛”，即镰仓大佛。镰仓大佛原本是室内佛，明应4年（1495年）被海浪冲走，其后变为露天大佛。

枯山水则是另一类著名的室外雕塑作品。最初的枯山水是受禅宗影响下的一种庭园装饰，它是很多现代雕塑特别是环境造型的原型，并对很多的现代雕塑家的创作有着很深的影响。京都大仙院和龙安寺石庭的枯山水通过自然石材和白砂的组合，将自然的空间赋予了禅宗思想进而提升了其高贵性，并加深了其艺术性。

10）桃山时代

该时代遗留下来的雕塑比较少见。作为石造美术的室外雕塑的特征则是茶庭中石灯笼和水钵的大量应用。神佛前的献灯具也像室町时代的枯山水一样具有装饰性和环境造型的意义，同时也反映了其在生活中的必要性和较高的市民性。

11）江户时代

该时期室外雕塑的特征是长野县内较为多见的道祖神的出现。作为民间信仰佛的道祖神是集合了消灾、旅途顺利、顺产、姻缘等多种祈祷意愿的佛像。另外

镰仓大佛
（http：//chizu-route-sus
jp/poi）

手水钵
（http：//68971846.at.w
info/theme）

大仙院
（http：//blogs.yahoo.co

笼神社狛犬
（http：//blog.goo.
ne.jp/pzm4366）

交通安全祈愿像
（http：//kaientai.justblo

道祖神
（http：//ap-inaj.net/
ownerpic/1242）

富山市长庆寺的“五百罗汉像”等群像石佛在全国范围内的流行也是该时期室外雕塑的重要特征。信仰佛在表现多种人多种信仰的同时，也终于摆脱了形式美，开始了向独特的个性美的追求。

12）明治以后

明治·大正·昭和时期的民俗学的室外雕塑主要是乡间小路旁散布的野佛、青铜的地藏尊和观音像等。进入昭和时代后，祈求防止水难事故的“水难救助祈愿像”和祈求防止由交通和战争而引起的车辆事故的“交通安全祈愿像”等开始出现。基于一般市民切实的愿望而产生的雕塑作品较多，但是对作品空间的认识却较为薄弱。

（2）肖像的室外雕塑的历史

明治以前没有真正意义上肖像的室外雕塑，而江户时期的罗汉像不能归为肖像的室外雕塑。明治以后，能判定设置年代最早的肖像室外雕塑是金泽市兼六园内的“日本武尊像”。明治 13 年设置的“日本武尊像”是神话人物，其木雕原型是由田村与八郎守贞制作。而被称为最早的室外青铜像“大村益次郎像”于明治 26 年设置于东京九段的靖国神社内，其石膏原型是受内务省土木局委托，由意大利雕塑家拉古萨（Ragusa）的弟子大熊氏广所作。该雕塑是经历了战争期间金属回收政策和对战后军国主义的象征的批判之后，不多的被保存下来的雕塑之一。

大村益次郎像
（http：//honpc
com/dayori）

同样能判定设置年代的明治时期的肖像室外雕塑则与雕塑家高村光云密切相关。上野公园内的“西乡隆盛像”（明治 31 年）、皇居前广场的“楠木正成像”（明治 33 年）的木雕原型都是由高村光云所作并保存至今。在地方上则有富山县冰见市朝日山公园中名为“古武士”的神武天皇彰显铜像。该雕塑于明治 41 年由高冈工艺学校教师大塚秀之丞所作。

楠木正成像

（http：//honpoku.com/dayori）

西乡隆盛像

（http：//www.panoramio.com/photo）

青年像

（http：//www.shii.gr.jp/pol/2001/2001_12/2001_1215.html）

自由女神

（http：//chiyoda-tokyo.sakura.ne.jp/pic-htm/hibikoue.htm）

和平群像

（http：//www.quark.bio.mie-u.ac.jp/olive/project/album/album.html）

大正时期的此类雕塑有于大正 12 年设置于东京三宅坂的“寺内正毅元帅铜像”（北村西望作）。到了昭和初期，已经开始了以富山县为中心的“二宫尊德像”的青铜像的设置。二战后的代表性雕塑有于昭和 26 年设置于上野公园科学博物馆前的“野口英世纪念像”和设置于地铁银座线出站口等 8 个地方的“墨丘利像”。前者是由日本美术展览会的吉田三郎创作，而后者则是由二科会的笠置季男所创作。

其后肖像的室外雕塑的数量则不断增加。而明治·大正·昭和（战前）时期的雕塑作品由于要表现人物的伟大，所以往往将雕塑设置于高处。而对于现存人物的肖像雕塑的设置，则具有根据本人意愿设置的倾向的特征。

（3）象征的室外雕塑的历史

水泥像用于室外雕塑开始于大正中期，由堀进二和吉田三郎等在建筑装饰雕塑上的尝试开始。能够判断设立年代的最早的作品是东京站前日本工业俱乐部会馆屋顶上的水泥像。该像是由小仓右一郎所创作的男女站立像，于大正 9 年设置，象征着对日本未来的期待，但是没有题名。

昭和战后最早的水泥雕塑作品是于昭和 23 年由菊地一雄创作的位于庆应大学校内的“青年像”。该雕像反映了学生们的活跃和对真实追求的渴望。昭和 24 年设置于上野站前广场的水泥雕塑“爱的女神像”由长沼孝三创作，雕塑表现了作者对战死亲人的思念和对爱的渴望。昭和 25 年设置于日比谷公园的“自由女神”雕塑则是由二科会的乘松严所创作。

在地方的城市中，富山站前的大型水泥雕塑“和平群像”由二级会的创始会员松村外次郎等创作于昭和 26 年。该雕塑呼吁人们克服战争对心灵的创伤，公共构筑战后的复兴与和平。平成 2 年该雕塑被改造为青铜雕塑。新潟县长冈市明治公园内的雕塑“和平像”则是由以“不要再送学生到战场”为口号的新潟县教职员组合赠送的，设置于昭和 26 年，由广井吉之助创作。

昭和 30 年代后，雕塑的提名开始多样化。校园内的水泥雕塑很多都是在这一时期出现的。昭和 33 年新制作协会的山内壮夫在札幌市民会馆前设置了雕塑“希望”，该雕塑反映了在战后复兴以及对自由和民主的追求中，终于感受到了一丝光明的一般民众的情感。到了昭和 50 年代，雕塑的主题发生了变化，已不再是爱 · 和平 · 自由 · 希望等主题，“梦”（昭和 54 年加茂市民文化会馆前广场，北村西望）、“喜悦”（昭和 55 年美呗市政府前公园，小川清彦）等主题的雕塑逐渐登场。

多以具象形式出现的象征的室外雕塑，随着材料的多样化、耐久化以及空间性的强化，抽象形式的雕塑作品逐渐登场。

（4）纪念碑的室外雕塑的历史

最早的纪念碑的室外雕塑是“学生兵的遗书”于昭和 28 年由本乡新创作，设置于立命馆大学校内。该雕塑由东京大学学生兵遗书会委托制作，表达了对太平洋战争中战死的学生士兵的纪念和对战争发动者的愤慨和悲叹。该雕塑最初完成于昭和 25 年，但由于不允许放置于东京大学校内，所以 3 年后被设置于立命馆大学校园内。昭和 28 年，高村光太郎制作了雕塑“陆奥”，并设置于十和田湖畔。该雕塑作为十和田湖的纪念碑的同时，也是从智子和对战争的悔恨中振作起来的光太郎自己的纪念碑。

昭和 33 年，为纪念富山国民体育大会而在县立五福公园内设立了“美与力”的巨大的抽象水泥雕塑。永原广创作的雕塑原型是对富山县民活跃的造型化。该雕塑于昭和 63 年改为高纯度铝制小型雕塑，并转移至他处。更为震撼的案例则是新潟地震纪念碑。该纪念碑名为“指导之像”，是于新潟地震 3 年后（昭和 42 年）由早川亚美创作原型，并制作而成的水泥雕塑。该雕塑生动地表现了地震中不知向何处逃的孩子们和老师的形象，同时也是一处表现内容和设置场所（县民会馆旁）相符的故事性较高的纪念碑。从昭和 50 年代开始，城市开发型的纪念碑逐渐增加。昭和 57 年关根伸夫创作了“水的神殿”，设置于新潟站南口广场，是上越新干线开通以及新潟站南口广场建成的纪念碑。

纪念碑的室外雕塑通常都具有反映该时代特色的故事性。而随着城市开发以及公共空间的建设，其作为环境装置的作用也逐渐增强。

▲
学生兵的遗书
（http：//blog.hokkaido-np.co.jp/ten/archives/2009/08/post_259.html）

陆奥
（http：//sankei.jp.msn.com/photos/culture/arts/080921/art0809211038000-p9.htm）

◀

绿色的风
（日本のパブリック·アート P30）

夏日的回忆
（日本のパブリック·アート P28）

茉莉花
（日本のパブリック·アート P30）

孤独的回归
（http：//www.city.kobe.lg.jp）

而其抽象性的倾向也强于象征的室外雕塑。另外它与景观的协调性以及对高质量的空间性的追求也是该类雕塑的发展倾向。

(5) 街边的室外雕塑的历史

日本最早的街边的室外雕塑位于宇部市。昭和 36 年“雕塑装饰宇部工程”事务局设立，开始了先驱性的措施。同年木村贤太郎创作的“洗衣机之前”设置于宇部市立图书馆入口。昭和 38 年，萩原守卫创作的“女”设置于新川桥绿地中。

昭和 43 年，神户市开始了“博物馆城市”模式的探索。在须磨离宫公园中开设了室外雕塑展，并将获奖作品在城市中设置展出。第一届现代雕塑展神户市绿化协会奖获奖作品是“孤独的回归”，设置于凑川神社西侧的步行道中。该雕塑是最早的神户市内街边的室外雕塑。此后，在该步行道实施了“绿和雕塑的街路”项目，并成为向美术馆的室外雕塑的街路展场转化的重要实例。

昭和 48 年，长野市设立了长野市室外雕塑奖，并开始了将前一年度的优秀作品在广场和街边设置的活动，并强调并非单纯的设置，而是要有对环境装饰的意义。此后，同年土谷武的“作品 1972”、失崎虎夫的“托钵”、柳原义达的“路标”等作品都以装饰、点景的方式分别设置于信浓美术馆内、陵园的道路以及南千岁公园等场所。

昭和 52 年，仙台市以“订制”的方式开展了备受瞩目的“森林和雕塑”项目。昭和 53 年，在台原森林公园内设置了佐藤忠良的“绿色的风”以及舟越保武的“茉莉花”两作品。而于昭和 54 年设置于定禅寺绿地的 Emilio Greco 的作品“夏日的回忆”则是街边室外雕塑作品中营造怀旧情节的作品。

昭和 53 年，东京都八王子市发表了作为城市建设一环的“具备雕塑的区域开发”构想。同年第二届雕塑讨论会的作品开始在城市中设置。如设置于市民会馆停车场的大成浩作品“风拓 4 号”、设置于西放射线购物公园中的秋山礼己的“空间的面”。

昭和 56 年，高冈市也开始实施了在街边设置雕塑的“具备雕塑的区域开发”项目。能够该类雕塑特性的是昭和 58 年设置于末广坂小

公园内的岩野勇三的作品“ぎんぎんぎらぎら”。而昭和61年设置于御旅屋路商店街中的浦山一雄的作品“露背装”以及设置于槐树街中朝仓響子的作品“片刻”都得到了市民的好评和喜爱。

另外，昭和56年广岛市、昭和58年碧南市等城市都陆陆续续开始了“具备雕塑的区域开发”项目，街边的室外雕塑开始不断涌现。然而，“具备雕塑的区域开发”项目中的雕塑作品并非都属于街边的室外雕塑，其中包括尝试集中设置的美术馆的室外雕塑。另外，街边的室外雕塑也从最初的装饰街道的“装饰性”，逐渐发展到通过雕塑展览会作品的点景来追求基于艺术的“空间性”，最后上升到对获得市民大众喜爱的“市民性”的追求。

（6）美术馆的室外雕塑的历史

在日本雕塑史上最早的美术馆的室外雕塑是宇部市室外雕塑美术馆的雕塑作品。昭和36年，当时的宇部市市长任命岩城次郎为第一任美术馆馆长，并开始了“用雕塑装饰宇部运动”。同年，在第一届宇部市室外雕塑展开展时，作为展示场所的常磐公园被命名为室外雕塑美术馆。而该美术馆并未成为由博物馆法认定的美术馆，并至今未有正式的管理员。根据昭和59年的《宇部市内雕塑一览》，昭和36年常磐公园内仅有中嶋快彦的一个作品，而到了昭和40年展示作品数终于达到8个。其后随着现代日本雕塑展的获奖作品等陆续在此设置，公园内的作品数量也迅速增加，其中的代表作品有向井良吉的“蚁之城”等。

昭和44年8月，在神奈川县的箱根，作为日本最早的私人室外美术馆的雕塑森林美术馆开馆。在开馆时仅有30个雕塑作品展示，而目前在7000m^{2}的展示场地内则已有750个雕塑作品展示。其中包括现代国际雕塑展、雕塑森林美术馆奖展、高村光太郎奖展、亨利·摩尔奖展中的诸多作品。其中的代表作有亨利·摩尔的“斜倚的人形：拱形的足”等。

昭和45年，在广岛县千代田町设立了“たいどう彫刻村”。在该雕塑村中设置了由雕塑家组成的团体创型会的创立会员奥山泰堂的100多个作品。该雕塑村是日本最早的仅收集展示某一雕塑家作品的

◀ ぎんぎんぎらぎら
(日本のパブリック・アート P137)

▼ 森林
(日本のパブリック・アート P175)

蚁之城 ▲
(日本のパブリック・アート P132)

宇宙 拱门 ▶
(日本のパブリック・アート P175)

妇人像

（日本のパブリック·アート P20）

青年女子

（日本のパブリック·アート P20）

空间 我

（日本のパブリック·アート P144）

美原高原美术馆

（http：//utsukushi-oam.jp/）

室外“美术馆”。在 100hm^2 的丘陵中大量的水泥雕塑作品被展示，其中的代表作有“鸟”等。

昭和 45 年，旭川市设立了中原悌二郎奖，并于昭和 47 年开始在作为日本最早的步行者天国的和平街购物公园中设置雕塑作品。在作为室外展示场的 1.8km 长的和平街内，设置了加藤显清的“妇人像”、佐藤忠良的“青年女子”等雕塑。日本最早的作为街路展场的美术馆的室外雕塑自此诞生。

从昭和 51 年开始，神户市也开始了“绿和雕塑的街路”项目。凑川神社西侧路长约 400m 的文化区域道路两侧进行了整修，到平成 2 年已有 16 个雕塑作品被设置与该区域,其中的代表作有新谷英子的“回忆”等。

昭和 53 年,“艺术森林”在高冈市古城公园内的本丸广场周围设立。当时有雕塑作品 9 个，到昭和 56 年，这一数量达到 19 个。代表作有朝仓文夫的“比赛前”、齐藤素严的“行路”等作品。

另外，昭和 54 年，在神户市政府路设立了“花和雕塑的街路”室外展示场。以室外雕塑展获奖作品为主的雕塑作品和道路旁的鲜花争奇斗艳。平成元年，“花和雕塑的街路”获得了该年度的环境艺术大奖特别奖，代表作品有多田美波的“空间 · 我”等。

昭和 55 年，京都室外雕塑森林设立。昭和 56 年，增设了室外美术馆，室外雕塑的数量也迅速增加。同年 5 月茨城县笠间日动美术馆的是额外雕塑庭园设立，6 月长野县武石村的高原上美原高原美术馆开馆。

昭和 56 年，滋贺县大津市设立了“琵琶湖大桥雕塑广场”，并设置展示了现代雕塑家的 7 个作品。富山市开始建设“松川べり彫刻散步道”，同年设置了 4 个雕塑，到昭和 58 年工程完成时，总共有 28 个雕塑作品屹立在河边的散步道上。

昭和 56 年以后，在各个地方城市中的公园和散步道中的雕塑设置活动如潮水般的涌现。作为室外展示场的美术馆的室外雕塑群被称为“具备雕塑的区域开发”的典型时期也随之出现。上越市高田公园的“青铜散步道”(昭和57年)、札幌艺术森林室外美术馆(昭和61年)、水户市本町的“哼唱小路513”(昭和62年)等相继登场。平成2年横滨雕塑展作品在横滨市太尾堤绿街设置，平成3年建设省(现国土交通省)主办的石雕竞赛的获奖、入选作品在茨城县岩濑町的“石匠之路”内设置。

最初，通过将著名雕塑家的室内雕塑作品进行室外展示以及将室外雕塑展的获奖作品转移设置等方式构成的醒目的美术馆的室外雕塑较多，而随着室外雕塑设置活动在各地的普及，通过在室外雕塑展开始前即选定设置场所进而设置获奖、入选作品的方式也更多地被重视、采用。而通过该方式，室外雕塑的设置在注重雕塑本身的艺术性的同时也能更加强调作品设置的空间性。

变化 札幌艺术森林
(http：//www.welcome.city.sapporo.jp/feature/artpark/art_31utsuroi.html)

天与地的轨迹 札幌艺术森林
（日本のパブリック·アート P19）

昇 札幌艺术森林
（www.panoramio.com/photos）

（7）自发的室外雕塑的历史

该类雕塑通过日本各地的石工们之手自古便存在，而其中很多雕塑的设置意图和年代是不易判断的。因此研究者松尾丰将该类雕塑的调查范围缩小到近现代的室外雕塑作品之中。长冈市南蛮山的“石雕之路”是从昭和52年开始制作、从昭和53年开始雕塑设置的展示场。该场所的雕塑是基于雕塑家们的意愿而设置，代表作品有元井达夫的“与星星的对话”、户张公晴的“南蛮的今昔”等。另外，新潟市内的私立室外展示场“碌塊苑”成立于昭和61年，宫越敏夫根据自己的意图将自己作品在此设置，代表作有“风雪2”等。

品川中央公园雕塑 7- 木(樱)

3.3 从雕塑到景观

谈到雕塑与景观，两者最多的关联多是雕塑作为景观的要素之一参与景观的构成。如公园、广场中的雕塑即是此类。而基于雕塑作为景观要素这一前提和日本的雕塑与景观的诸多案例，进一步探究二者的关联程度，总结出了影响景观的雕塑、依托于景观的雕塑和融于景观的雕塑 3 种模式。

与作为景观要素的雕塑相对应，还有另外一种雕塑与景观密切关联的方式，即景观整体以雕塑的形式出现。

3.3.1 作为景观要素的雕塑

(1) 影响景观的雕塑

该类雕塑与景观是人们最常见的一类。多数的公共艺术、装置艺术的作品都属于此类。雕塑虽然通过形状、尺度、材料和色彩等方式在一定程度上独立于景观和环境，但又通过许多方式（如主题等）与景观或与景观的其他要素紧密联系，可以说仍是景观的一部分，只不过它的存在提高了景观的空间魅力，是整体景观中亮丽的一点。

东京青山剧场前雕塑　东京霞关中央合同厅舍雕塑

男和女 雾岛艺术森林
（http：//open-air-museum.org/ja/）

(2) 依托于景观的雕塑

虽然同样作为景观的要素，该类雕塑却往往依托于其周边的景观和设置环境。而最能体现这一点的案例则是雕塑园。

雕塑园是以展示雕塑为目的的室外的公园或庭园。由耐久性素材创作、以永久展示为目的的雕塑结合为雕塑展示而规划设计的景观共同构成了雕塑园。

雕塑园有多种形式。如附属于美术馆周边作为其环境，或相对于室内展示以庭园作为主要展示空间的美术馆，或庭园本身就独立作为美术馆等。由于在雕塑园中人们可以在散步、休憩的同时欣赏雕塑和自然景观，因此在日本的很多观光地中，也设计了很多以观光为目的的雕塑园。

从展示内容上看，雕塑园的类型也有很多。有以展示某一艺术家作品的雕塑园，有以传统的人像雕塑等为中心的公园，也有以展示大型雕塑作品为中心的庭园等。

传统的雕塑园的创作，通常是首先购买雕塑，然后设计并建造庭园，最后将雕塑作品在庭园中的适当的位置安置。但是近年来越来越多的雕塑园的创作转变为由雕塑家到现场勘查，并根据现地状况创作与地块特性相符的特定场景的雕塑作品的创作方式。

★雾岛艺术森林

雾岛艺术森林位于鹿儿岛县湧水町雾岛山麓上海拔 700m 的高原上，是一处结合当地地形和植物建设而成的室外美术馆。其中展出的雕塑作品则是由艺术家们经过对场地的现场调查之后，而创作的能够体现当地的自然、历史和文化特征的原创作品。

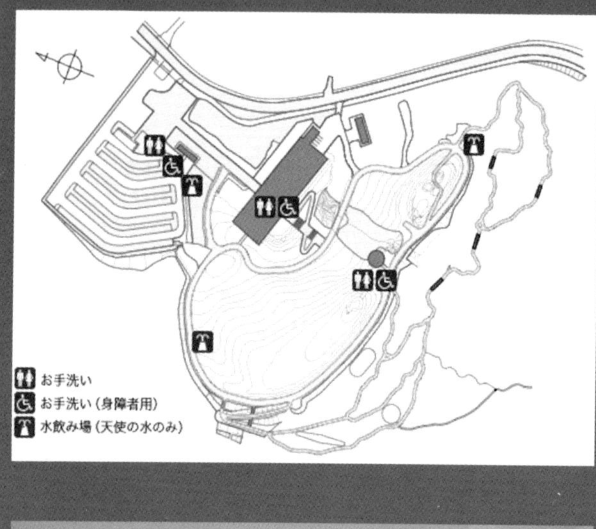

雾岛艺术森林平面图（http：//open-air-museum.org/ja/）

石阵（http：//open-air-museum.org/ja/）

两人

（http：//open-air-museum.org/ja/）

★札幌艺术森林

札幌艺术森林室外美术馆位于地形起伏的绿色自然之中。在 7.5hm^{2}的场地中，展示了诸多日本现代雕塑家、挪威雕塑家 Gustav Vigeland 以及札幌的姐妹城市赠送的，共计 64 位艺术家的 73 座雕塑作品。

其中的多数雕塑作品，都是由艺术家到现场实地考察，基于地形、周围状况以及气候等，针对各个具体的场地而创作的作品。

漂浮的雕塑

（日本のパブリック・アート P19）

品川中央公园雕塑——风

(3) 融于景观的雕塑

该类雕塑与前面两点相比，与景观的关系更为密切。它作为雕塑的同时，更多地融于景观的其他要素之中，也可以说是功能性、参与性较强的雕塑。同时此类雕塑多与景观的设计和建设融于一体，着重挖掘和表现用地中的文化和特征，体现了较强的地域性。设计师团塚荣喜及其事务所 Earthcape 的作品则对该类雕塑做了较好的诠释。

★丸之内 Oazo 环境设计

在东京丸之内 Oazo 建筑内部及周边环境中，设计者通过雕刻的方式在铺装上还原了该土地上原有建筑的平面形式和当时的风景，同时又将草原、森林和花田等自然风景雕刻于各种景观装置之上，实现了雕塑与景观融合的同时也表达了对该地块特性的尊重。

花田

对原有建筑的呼唤

★霞关中央合同厅舍 7 号馆环境工程

霞关是日本中央政府机关集中之地。设计者以台阶为媒介，通过雕刻的手法来表现该场所的记忆以及积累至今的日本的科学和文化的历史。另外还借助石材座椅的表皮来保存土地上原有植物和建筑的影子，进而完成对土地的记忆。

承接原有建筑和植物投影的座椅

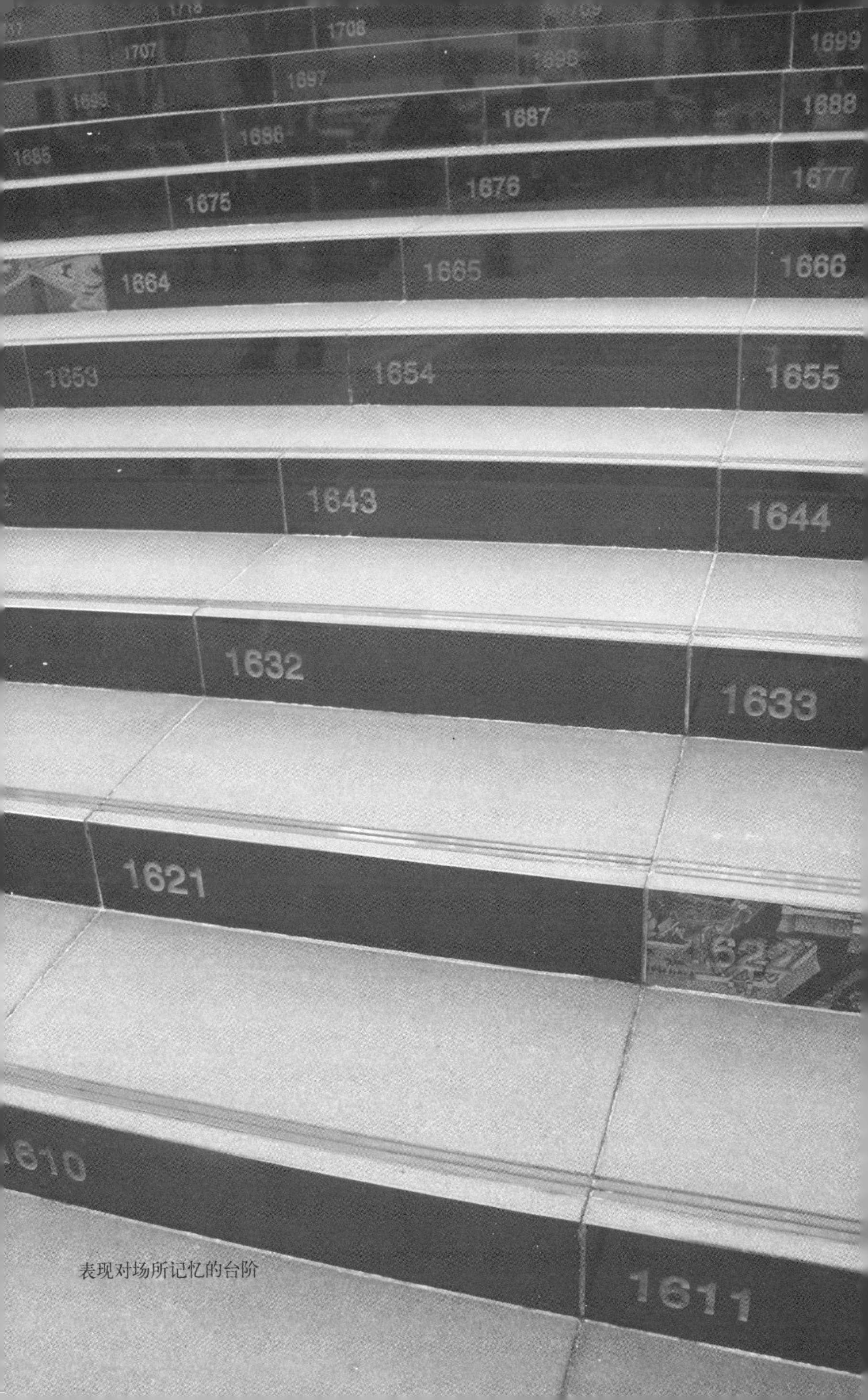

表现对场所记忆的台阶

不规则形的雕塑 / 座椅

欣赏海景的坐席

★城市船坞 Lalaport 丰洲

该场地原为造船厂的船坞，设计者在实现对场地的历史和环境呼应的同时，设置了大量不规则形状的雕塑，在起到座椅功能的同时，也激发了孩子们的游戏兴致，而面向大海的混凝土座席的设置，提供了人们观赏夕阳海景的场所，同时也是一处海边的雕塑群。

★银座 8 丁目环境工程

该项目名为“漂浮”。设计者通过铺装图案表现水流，以散置白色的雕塑来表现漂浮于水面的情景，而这些白色的雕塑同时也具有种植池、座椅等景观功能。

漂浮的白色种植池

3.3.2　作为景观整体的雕塑

笔者在此提出的“作为景观整体的雕塑”不同于传统意义的大地艺术，而更加侧重于具备景观的功能性、集景观要素为一体、而其整体又表现为雕塑的环境艺术。主要的代表作品有野口勇的北海道Moerenuma公园和荒川修作与Madeline Gins共同创作的位于岐阜县的养老天命反转地主题公园。

★Moerenuma公园

该公园位于北海道札幌市，1988年根据野口勇的“将公园作为一个雕塑”的构想开始规划设计，2005年完成并对外开放。公园包括由野口勇设计的120个游戏器具构成的游戏区、高50m可以远眺的Moeru山、高30m的游戏山和樱花森林等。

★养老天命反转地主题公园

在18000m^{2}的公园内有“极限相似之家”、“椭圆之地”、“宿命之家”、“不死门”等设施，提供了人们在日常生活中无法感受到的错觉和不安定感。该公园是让人进入其中感受作品主题的雕塑作品。

从Moere山望游戏山
(http：//www.i-cafe.ne.jp/norbesa/...pics.php)

Moerenuma公园鸟瞰
(http：//www.sapporo-par or.jp/bl...p/about/)

音乐贝壳及游戏山
(http：//www.kanshin.com/keyword/9.../commen

养老天命反转地
(http：//www.panoramio.com/photo/13664389)

新潟大地艺术展作品——150 号妻有花开

3.4 植根于大地的雕塑——新潟大地艺术展

2009年9月，在论文和本书写作的间隙，参观了早已耳闻多时的新潟县越后妻有大地艺术展2009（下文简称为大地艺术展)。受限于时间和交通工具，未能将6个展区的作品网罗考察，但通过管窥在日本原风景、里山中的雕塑、改造建筑、艺术活动等现代艺术的精彩表现，对大地艺术展所反映出的环境理念、新艺术展示舞台（里山)、重构人与土地的联系、世界性的交流以及通过艺术振兴地域等诸多方面深有感触，而大地艺术展的成功举办和延续4届，也体现了艺术对于已经完成了从志—富—文化—美的发展历程的日本有着依然强劲的影响力和超出艺术本身的强大力量。因此笔者认为对于发展中的中国风景园林而言，在愈发注重技术、生态等方面的同时更应该注重园林本身就有的艺术性，而通过更多的加入雕塑等诸多现代艺术形式来强化现代风景园林的艺术性则是笔者的一点感悟。

3.4.1 大地艺术展概述

大地艺术展是以新潟县的越后妻有地区（十日町市、津南町、川西町、中里村、松代町和松之山町 6 个区域）的里山为舞台，每 3 年开展 1 次的世界范围内最大的国际艺术展。作为“越后妻有艺术链建设工程”每 3 年 1 次的展示成果，大地艺术展以艺术为媒介充分挖掘了蕴含在地区中的多种价值，并提高了其魅力，使其影响力拓展到世界范围，从而逐步的实现地区振兴、再生的目的。自 2000 年第 1 届大地艺术展开展以来，经历 2003 年的第 2 届、2006 年的第 3 届，到 2009 年已经顺利进行了 4 届。

从 2000 年第 1 届开始，共有 160 个作品被永久保留，而加上 2009 年的新作作品，本届大地艺术展共展示了来自 40 个国家和地区的艺术家制作的 370 多个作品。

3.4.2 背景

大地艺术展是“越后妻有艺术项链建设工程”（下文简称为“艺术项链”）的核心组成部分。而“艺术项链”则是平成 6 年（1994 年）制定的新潟县第 5 次长期综合规划的具体化“新新潟里创计划”（下文简称为“里创计划”）的一部分，即由新潟县指定的十日町广域市町村圈的艺术工程。越后妻有地区总面积 762.41km^2，总人口 79803（到 2000 年第 1 届大地艺术展开展为止），包括十日町市、中里村、津南町、川西町、松代町和松之山町广域范围的 6 个市町村。“艺术项链”工程的目的即旨在实现越后妻有全体地域的振兴和再生以及创建“大自然和艺术文化的接触回廊”。

基于“里创计划”的“艺术项链”工程的建设构想主要由以下 4 项构成：

1）越后妻有 8 万人的精彩发现

2）花之路

3）舞台建设

4）大地艺术展

其中第 4 项的大地艺术展则是该工程的核心活动。

新泻大地艺术
展作品：176 号
微型乐园

新泻大地艺术
展作品：194 号
内心之旅

新泻大地艺术
展作品标识

3.4.3 主题

2009 年第 4 届大地艺术展的主题、理念在融合了前 3 届内容的基础上，主要表现了以下 5 个方面：包容于自然的人类；里山和艺术；超越年龄、地区和类型的协作；与世界的联系；新的地区开发模式。

（1）包容于自然的人类

包容于丰富的自然中的越后妻有的生活（里山）提供了重新审视地球环境、革新导致环境破坏的近现代社会的时机和场所。

基于此而产生的“包容于自然的人类”的基本理念贯穿于整个“艺术项链”工程。并希望将越后妻有地区建成为体现人类和自然将如何相处的示范区域，进而推进该地区的振兴。

（2）里山和艺术

20 世纪是城市和城市美术的时代，然而城市开始出现弊病，美术也逐渐变得灰暗和孤立。原本的场所与人、人与人之间的紧密联系正在逐步的丧失。而在越后妻有地区，艺术家们在里山的生活和自然环境中则找到了这种失去的美术的联系和协作。

在山川、梯田以及散布的村落的大范围区域中，每一次的大地艺术展都展示了大量的作品。这些作品并不是在一个场所集中展示，而是散落的布置在以 200 个村落为中心的场地中。针对于现代社会的合理化、效率化而言，大地艺术展则正在进行着彻底的非效率化的尝试。

（3）超越年龄、地区和类型的协作

艺术具有将人与人、人与土地紧密联系的力量。在越后妻有地区，以艺术为媒介，实现了不同地区、类型、年龄人们的协作。

新潟里山

在这里，艺术家们必须在“别人的土地”上进行创作，所以就必须与当地居民进行必要的交流和沟通。艺术家们的学习和热忱使得居民们以协作者，而不是“参观者”的身份参与到作品的创作之中。

在大地艺术展中，很多的城市中的年轻人志愿者参与其中。“人口稀少地·农耕·老人”与“城市·不知在做什么·学生”的相遇，经历了从冲突、困惑到理解、协作的变化，年轻人开启了地区之门。

2004 年的中越大地震以及连续 2 年的暴雪袭击中，艺术家以及城市中的支持者们开展了被称为“帮助大地”的复兴支援和铲雪活动。通过此类协作过程，妻有地区已经成为居住在城市中支持者们的“创造希望的场所”。现在，不仅年轻人，越来越多的人都在发挥着各自的技能，开始参与规划“新的故乡”的开发计划。

（4）与世界的联系

大地艺术展是目前世界范围内规模最大的艺术展，获得了诸多的海外媒体的高度评价，并被称为“新的艺术展模式”。同时，通过艺术实现地区开发的独特手法也在世界范围备受关注，并被称为“妻有方式”。

另外，在大地艺术展中，不光有个人艺术家的参与，很多国家的文化艺术机构也参与其中，并开展了 workshop、艺术工程等跨越国界的协作。在第 3 届大地艺术展中，香港大学的 15 名学生作为制作志愿者参与其中，澳大利亚的 Asialink 则派遣了艺术家及美术馆馆长等长期在越后妻有地区开展住居项目，法国的 Palais de Tokyo 美术馆则派出了 4 组艺术家举行了以废校为舞台的展览会。

（5）新的地区开发模式

越后妻有地区的以艺术为媒介，通过超越地区、年龄和类型的人们协作而实现的新的地区开发模式获得了超越美术范围的高度评价，并获得了“故乡及活动大奖（总务大臣表彰）”、“东京创作大奖”、“地区开发总务大臣表彰”等奖项。随着对通过文化艺术实现城市创造的日益关注，越后妻有的地区开发正影响着德岛、茨城、新潟市、大阪、濑户内等日本各地的地区开发。

3.4.4 展区及作品

（1）十日町展区

2 号作品：米·房间

该作品以作为地区象征的“米”为主题而创作，在米的房间中，参观者在被“米”吞食的同时，能够体验安静的房间中弥漫的声音。

13 号作品：枯木工程

该作品是山中村落的地区开发长期工程。在本次艺术展中，设置了以“记忆和感性的发动”为主题的活用装置和自然环境的作品，并开设了枯木档案馆。

31 号作品：再构筑

该作品是由数千枚圆形镜子所覆盖的建筑，每一枚形状不同的镜子都是由创作者亲手制作而成。镜子映着周围的自然，当风吹镜子摇晃的时候，风景也在闪耀的摇摆。

39 号作品：

越后妻有交流馆

混凝土和玻璃的宁静创造了一个与外界隔离的另一个世界。面向天空的中庭是水池。在包围着自然的回廊栋和温泉栋的空间中，人和物在相互来往。

拱的森林

通过木材单元组合而成的构筑物设置在交流馆内。构筑物具有展示空间、咖啡厅、信息中心等多种功能。

线之家工程

十日町是传统的纺织产地，该作品旨在通过“线”将与其紧密联系的人和传统与未来紧密联系。作为作品之一，由该地区的孩子们编织的稻草之花在室外绽开。

49 号作品：光之岛

白色、青色、绿色和黄色的柱是山毛榉林的象征。6 个“光之岛”大小、颜色和形状不同，各具特色，是妻有 6 个地区的代表。

十日町

（http：//www.echigo-tsumari.jp/info/guide/）

米 房间

（http：//miracle365.exblog.jp/10884405/）

枯木工程

（http：//www.echigo-tsumari.jp/artworks/photo.php）

越后妻有交流馆

再构筑

（http：//katabami03.exblog.jp/10055495/）

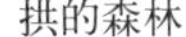

拱的森林

线之家工程

光之岛

时空
（http：//www.echigo-tsumari.jp/artworks/photo）

绿色庄园
（http：//www.echigo-tsumari.jp/artworks/photo）

诗人冥想之路
（http：//www.echigo-tsumari.jp/artworks/photo）

巨人作庭家
（http：//www.echigo-tsumari.jp/artworks/photo）

FRP 构造丛林
（http：//www.echigo-tsumari.jp/artworks/photo）

白仓庭园
（http：//www.echigo-tsumari.jp/artworks/photo）

越后妻有的彩虹之冠
（http：//www.echigo-tsumari.jp/artworks/photo）

(2) 川西展区

58 号作品：时空

作为 20 世纪日本现代美术的代表齐藤义重曾说过，他的作品没有完成的状态，只有进行状态的作品。该作品是 Nakago 绿色公园的标志，也是齐藤义重的遗作。

61 号作品：绿色庄园

该作品在大地上塑造了火、水、农、艺和天神的象形文字。象征着"开拓荒山、开拓原野、疏导河川、晴空中的繁盛、金黄色的秋季、蕴藏着农业和技艺的大地、欢笑的人们的绳文的能量"。

71 号作品：诗人冥想之路

散布在森林中及水边的雕塑和斜面的瓷砖引导着通向露营地的散步道。广场中的 5 个雕塑则是由鸭长明、世阿弥、井原西鹤、良宽和夏目漱石所贡献。

72 号作品：巨人作庭家

沉睡于散步道中巨人的头部、两手和两脚 5 个部分分别在各处展示。在山中沉睡的巨人作庭家的指引下，使人能够感受到在踩踏坚实的土壤中，以及在覆盖在土壤之上的树林中蕴藏的生命。

75 号作品：FRP 构造丛林

通过使用农业用材料 FRP 线材，以轮弧编的方式编制成篮形，进而组合创造空间。该作品将现代的素材和传统的技艺、农业和艺术等多种双重性编织于一体。

77 号作品：越后妻有的彩虹之冠

创作于 2006 年的该作品，在本次艺术展中继续展出。在由树枝和竹条制作的圆顶形构筑物中，由水和棱镜创造闪耀的彩虹伴随着人们敲响太鼓的声音构成了和谐的韵律。

80 号作品：白仓庭园

在场地内遍插带有川西地区古今照片的木条，在场地的一角设有平台，可以欣赏到如花田般的庭园。

川西
(http：//www.echigo-tsumari.jp/info/guide/)

（3）津南展区

89 号作品：土中

该作品由代表着“蕴藏财富的土地”、“孕育生命的土地”和“培育文化的土壤”意义的 3 个方形土槽和将其连接的通路构成。在 2006 年艺术展的恶劣气候中，曾多次运输土壤和石材以维护作品，使之成为与土地战斗的作品。

91 号作品：超越时间的旅途

作者提取了东洋传统的文化要素，创作了在空间中可动的作品。在越后妻有的地域文化孕育的风景中，创造了作品与观赏者之间的对话和交流。

95 号作品：0121-1110=109061

该作品是展现在风景中的 3 个球体，球体由圆木组合而成。作品中的自然材料随时间而变化，并影响着作品所内涵的精神性和与周边环境的关联性。

97 号作品：Bed for the Cold

漂浮在水池上的圆环在风中轻微的浮动。夏天，作品在宁静的水池中展现了白色的身影；在红叶的秋天，它积攒了落叶；冬天，它则有厚厚积雪。

98 号作品：羚羊家族

该作品位于一小土丘上，由妻有地区所使用的农机具熔接而作成。通过对刀刃、螺丝等材料的活用，在森林中真实地展示了羚羊的形态。

99 号作品：再生

该作品为在草坪中设置的大理石枕头以及面对着天空和树木、感受风的大床。该作品以人为主题，使人能有将生命引入的想像。

104 号作品：“记忆——记录”足滝的人们

在人口稀少化的地区中，为了保存“现在在村落生活的事实”，2006 年作者将村落中几乎全体人们的轮廓创作为作品。在本次艺术展中，应当地住民的要求，该作品又再次被设置展出。

津南
（http：//www.echigo-tsumari.jp/info/guide/）

土中
（http：//www.echigo-tsumari.jp/artworks/photo）

Bed for the Cold
（http：//www.echigo-tsumari.jp/artworks/photo）

超越时间的旅途

0121-1110=109061

生（http：//www.echigo-tsumari.jp/artworks/cphoto）

羚羊家族

“记忆——记录”足滝的人们
（http：//www.echigo-tsumari.jp/artworks/cphoto）

在妻有生长的树
http：//www.echigo-tsumari.jp/artworks/photo

沿着侧沟的无限大
（http：//www.echigo-tsumari.jp/artworks/photo）

鸟儿之家
（http：//www.echigo-tsumari.jp/artworks/pho

朝向日本选定北方（74°33′2″）
（http：//www.echigo-tsumari.jp/artworks/photo）

石头 森林
（http：//www.echigo-tsumari.jp/artworks/photo）

波将金
（http：//www.echigo-tsumari.jp/artworks/photo）

中里稻草人庭园
（http：//www.echigo-tsumari.jp/artworks/photo）

中里

（http：//www.echigo-tsumari.jp/info/guide/）

（4）中里展区

111 号作品：在妻有生长的树

在由 4 根铁柱支撑吊挂的花盆中种植的树木，暗示着与自然隔离的人们的生活状况。当人们看到从大地中割离出的树木的异样，就会联想到自己的生活。

112 号作品：鸟儿之家

以高 19m 塔的形式展现鸟儿之家是对无法触摸的自然的隐喻，是通过鸟儿对天与地的连接。反射着阳光的雕塑则已经成为该地区的标志。

115 号作品：沿着侧沟的无限大

沿着田地的田埂，排布了色彩丰富的图板，图板上有无数的小孔，小草便从这些小孔中生长出来。在这里可以看到绘画中体现的人工的色彩与一株株的小草所拥有的生命力的对比。

122 号作品：朝向日本选定北方（74° 33′ 2″）

创作者以位于伦敦的自宅为对象，将住宅的原大构造保持原有方位移动到妻有。进行了一次将距离和文化都相差甚远的伦敦和妻有的土地产生空间关联的尝试。

123 号作品：石头 · 森林

作品的创作者 Ouwens 既是风景园林师，又是雕塑家。创作者将 100 根安装经打磨的绿色自然石材的木棍在室外设置，木棍随风摇摆，创造出了新的风景。

127 号作品：中里稻草人庭园

田的河岸地带是常年遭受河水泛滥影响的土地。这里也有因土地滑坡而导致村落消失的传说。创作者在此设置了 18 个多彩的能使人联想到传统的鹿子图案的稻草人。

134 号作品：波将金

设计者在釜川的河堤旁设立了巨大的耐候钢墙壁。该场所曾是孩子们的游戏场地，其后由于常年在此处乱扔垃圾，该场地一度被废弃。经过改造该场地已经转化为由禅庭、秋千、东屋等情趣各异的空间组合而成的美丽公园。

(5) 松代展区

147 号作品：

松代雪国农耕文化村中心“农舞台”

由荷兰 MVRDV 设计的“农舞台”是衬映在绿色的环境之中，与松代站有回廊相连的白色建筑。该建筑没有柱，以指尖着地、将手掌向上撑起的形式来避免被大雪掩埋，来应对夏日的酷暑。

松代住民博物馆

在松代车站和“农舞台”相连接的通道中并排设置了 1470 块木板。每个木板上标记了松代每个家庭的名号，并由每个家庭的户主选定的“冬天的色彩”涂以颜色。在显示屏中则不断播放着当地居民迎接观光游客的画面。

梯田

歌颂传统稻田耕作的情景的文字和在对岸的梯田上设置的模仿耕作农民姿态的雕塑共同构成了此作品。在“农舞台”的展望台上向梯田望去，诗、风景和雕塑浑然一体。

里山艺术动物园

以动物为主题的作品在农舞台的回廊和室外热闹的展示。

150 号作品：妻有花开

描绘着圆点的巨大的花的艺术品迎接着走到松代车站的人们，并在大雪之中，以顽强的色彩鲜艳的盛开。

151 号作品：地震计

闪耀着阳光的玻璃球飘浮在空中，以雪为意向的玻璃球和巨大的钓鱼竿构成了该作品。这是一个能使人感受到大海、河流、水的循环以及平衡的作品。

159 号作品：○△□的塔和红蜻蜓

该作品是以晴空为背景、高 14m 的展开羽翼的红蜻蜓雕塑，是该区域的地标。越过丛林看见红蜻蜓的风情或许会成为联系在里山中和在城市中生活的人们心灵的故乡。

松代
(http：//www.echigo-tsumari.jp/info/guide/)

农舞台

松代住民博物馆

梯田

里山艺术动物园

地震计

妻有花开

和平庭园　米之家

（http：//www.echigo-tsumari.jp/artworks/photo）（http：//www.echigo-tsumari.jp/artworks/photo）

内心之旅　山

风之要塞　我们能够回忆起它

（http：//www.echigo-tsumari.jp/artworks/photo）（http：//www.echigo-tsumari.jp/artworks/photo）

167 号作品：和平庭园

该作品是散布在水池边的可使人联想到萌芽或花蕾的艺术品。由印度柔软的大理石制作而成的莲花是印度教的神明，也是婆罗门的象征。

174 号作品：米之家

在田埂的小路旁，四方形的框架设立在水田中。有时在水中倒映着构架形态，有时构架则被水稻所包围。从山上向下俯瞰，眼前松代的风景则成为画框中的景物。

176 号作品：微型乐园

抽象自代表该地区特征的房屋的模型，被以多种高度和角度散布设置。模型之家中的风景，能够给观赏者带来新的发现和体验，以及对乐园的向往。

194 号作品：内心之旅

当人们踏入这片山毛榉林时，就会发现周围无数注视着自己的眼睛和人影。随着森林中的绿色而摇曳、贴在树干上的眼睛则成为参观者内心的眼睛，而使人迷失的则是这人生的森林。

199 号作品：山

该作品位于整修的山腰道路边的空地上。面对黑姬山，可以欣赏到美丽的夕阳。由一个单体组合而成的 Richard Deacon 的雕塑便设置于此。

211 号作品：风之要塞

该作品是由 2006 年设置在木和田原的作品转移而来，是旧作品的复苏之作。创作者将 2000 个陶块堆积构筑成陶制的要塞。作品倒映在水中，并将寂静的山中公园变得生气勃勃。

218 号作品：我们能够回忆起它

创作者利用废弃住宅中可以看到外面风景的障子，装以半透明的画布并在上面描绘风景。障子上的风景与室外的风景相重合，也与废弃住宅的室内相呼应，也是过去忙碌生活的残留。

（6）松之山展区

219 号作品：Step in plan

该作品是高 20m 的广告牌，也是显示该地区的地图，同时还能作为游乐设施供人们攀爬。设计该广告牌字体的是字体设计师浅叶克己，他还设计了本次艺术展的海报和入场券。

221 号作品：里山振兴项目 1 和 2

该项目通过收集越后妻有地区生长的植物的种子，并加以栽植、使其发芽，将其幼苗作为作品展示并出售。组织者与当地居民一起栽培苗木、制作塑料花盆，最后所得的收入都返还给村落。另外，描绘三省地区的风景的绘画也在旧小学校的展馆内展示并出售，通过该项目也提高了该地区的风景的价值。

235 号作品：MHCP（Medical Herbman Cafe Project）

该作品为由能带来健康的药草而覆盖全身的草药人。在身体的各个部位种植能够在该部位发挥功效的药草。在药草咖啡厅，参观者则能够品味到在妻有地区生长的药草，也能重新审视身体与自然的关系。

238 号作品：变身——场所的记忆（探索松之山的植物）

以该地区生长的植物为原型的浮雕装饰在温泉街入口的墙壁上。它也被认为是松之山地区的植物博物志。

松之山

（http://www.echigo-tsumari.jp/info/guide/）

Step in plan
（http：//www.echigo-tsumari.jp/artworks/photo）

变身－场所的记忆
（http：//www.echigo-tsumari.jp/artworks/photo）

里山振兴项目 1 和 2
（http：//www.echigo-tsumari.jp/artworks/photo）

MHCP
（http：//www.echigo-tsumari.jp/artworks/photo）

3.4.5 艺术的延伸

在日本各地进行的通过文化艺术实现地区开发和振兴的活动中，越后妻有地区已经成为其中的典范。而连续举办 4 届的大地艺术展则带动了发现、接触土地中固有文化的系列艺术活动，其中具有代表性的是围绕水而展开的 3 个艺术展，即濑户内国际艺术展、水都大阪 2009 及水和土的艺术展 2009。

▶
濑户内海
（http：//setouchi-artfest.jp/）

（1）濑户内国际艺术展——乘船走访艺术之岛

濑户内海是自古便为交通要处的日本里海。而连接诸个岛屿的海路则传递着新的文化和风格、衍生出优美的景观和传统的风俗。定于 2010 年 7 月开幕的“濑户内国际艺术展”即是以濑户内海的 7 个岛屿和高松港周边地区为舞台而展开。来自世界各地的艺术家和建筑家与当地的居民共协作，以新的视点将岛内的生活和历史向世界展示。

（2）水都大阪 2009——使水边充满活力

▶
水都大阪 2009
（http：//www.suito-osaka2009

堂岛河、土佐崛河、木津河、道顿崛河和东横崛 5 条河流将大阪的城中心部分围合成口字形。“水都大阪 2009”即以这个世界罕见的水的回廊为舞台而展开。主会场为中之岛，设置了体验型的艺术项目“水边的文化展”，夜晚则成为照明的艺术。

（3）水和土的艺术展 2009

2009 年 7 月～ 12 月“水和土的艺术展 2009”在新潟市开展。在由信浓河和阿贺野河两条大河孕育的新潟市中，艺术家和市民共同协作，挖掘水的记忆和土的气息。

▶
水和土的艺术展 2009
（http：//www.mizu-tsuchi.jp/）

A R T
S E T O U C H I
2 0 1 0
と海を巡る百日間の冒険

树 新潟大地艺术展

通过对日本室外雕塑的类型以及发展史的概观，可以看到雕塑在日本的普及程度以及它与各种类型的场所、空间、景观甚至城市规划和开发之间的密切关联。日本的室外雕塑已经成为影响景观和地区发展的重要因素之一。而基于对实例的调查，又进一步明确了雕塑与景观的关联方式。影响景观的雕塑、依托于景观的雕塑、融于景观的雕塑以及作为景观整体的雕塑的诸多代表性案例也体现了雕塑对于对象地中的自然、历史和文化等方面特性的表现和尊重，而这也正是园林和景观的创作过程中所追求的根本。

2009 越后妻有大地艺术展也是通过以雕塑为主的艺术手段展现了这块“农耕”土地的魅力,并一定程度实现了该地区的发展和振兴。艺术、人、环境的组合在越后妻有这块土地上表现了强大的力量，并在日本列岛上不断延伸。

艺术是园林和景观的动力，而笔者希望通过作为造型艺术的雕塑对景观的影响和融合能够成为保持和增强风景园林艺术性的一种方式。

参考文献

[1] 松尾　豊．日本野外彫刻史試論．大学美術教育学会誌第 24 号，1992.

[2] 松尾　豊．野外彫刻の帰納的考察．大学美術教育学会誌第 21 号，1989.

[3] 白坂ゆりら．大地の芸術祭越後妻有アートトリエンナーレ 2009. 株式会社美術出版社，2009.

[4] 竹田直樹．日本のパブリックアート．誠文堂新光社，1995.

建筑的媒体表皮与建筑的附属绿地景观

4

信息媒体与景观

张清海

景观与信息媒体，本是不相关的两个概念。但到了近代社会以来，两者却发生了奇妙的联系。随着信息化社会的发展，这种关系也越来越紧密。前者，在环境中真实存在的、可以进入体验的空间。后者，提供信息接收和发布的传播平台。客观真实的景观到最终和信息文化一样，成为被流通和消费的对象。

如果从信息媒体的角度去看待景观和景观设计，那么我们可以试着回答下面一些问题——信息的生命是什么？媒体的生命是什么？景观的生命是什么？从回答中我们可以得到什么样的感悟和启示呢？是否可以这样去理解，景观就是媒体——各种信息的载体；建造景观就是在建造媒体平台，游赏景观就是去获取信息；不同的景观是因为它所提供的信息内容不同，因而其制作形式也就各有所异……

其实，建成的景观就是特定社会历史条件下的产物；景观建造活动在本质上是为满足人类生活需要和精神需求的一种营造活动。在一定的社会形态、生产力水平和地理环境下所产生的景观形态正是一定时期园林文化的自然体现。反过来，园林景观就像一面媒体的镜子，映射着某一时期的社会生活风貌。游一个园子，如同读一本书，赏一幅画，看一部电影、一个电视节目、一帧广告片……

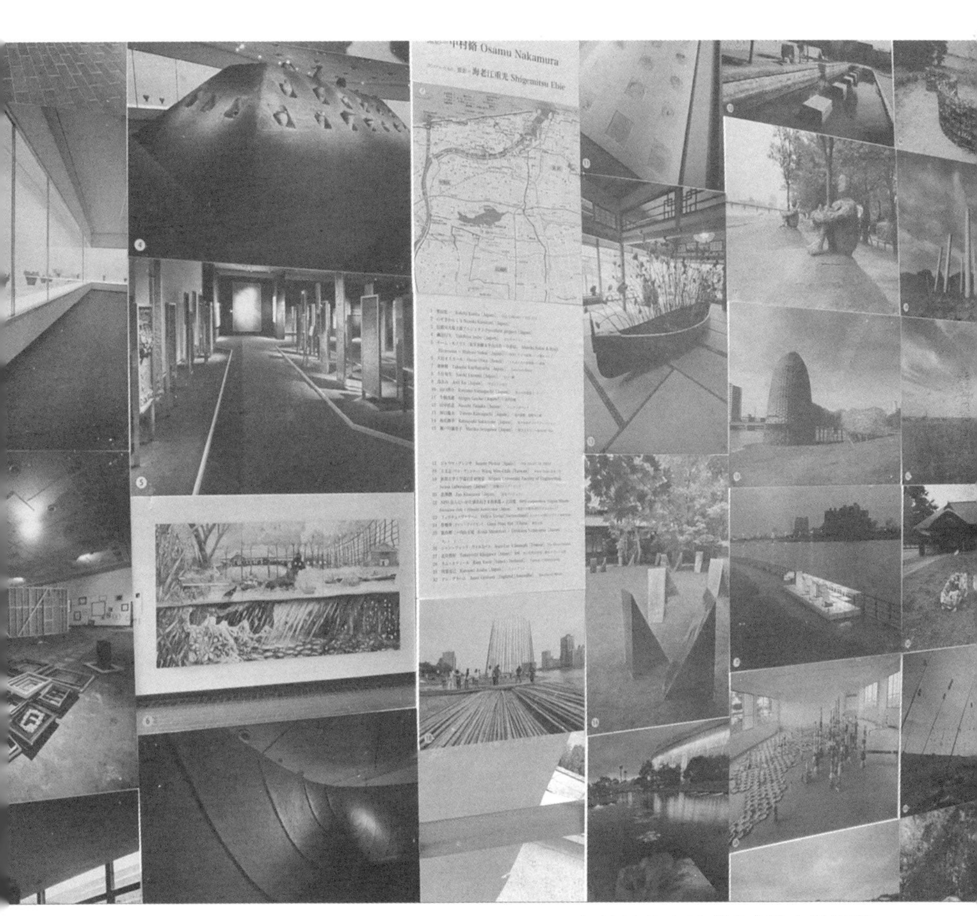

日本 2009 年大地艺术节的宣传海报

东京街头的数字化橱窗
通过装饰的摄像头，行人的影像就会出现在橱窗的屏幕里，这种动态的及时展示显得参与性十足，十分有趣

东京都的电车交通系统就像一张信息网，覆盖着整个城市

4.1 景观与信息媒体

4.1.1 信息社会与景观

自 1964 年日本的梅棹忠夫（UMESAO TADAO）第一次使用了“信息社会”后，这一概念已被越来越多的人所接受。信息社会作为一个新的社会形态，各方面发展并没有完全成熟，人们对于信息社会的本质特征，如信息社会与农业社会、工业社会本质区别是什么，还没有十分清楚的认识和定位。从生产力的构成要素来看，脑力劳动者、智能工具和数字化信息是信息社会区别于其他社会形态的本质特征。由于构成信息社会的劳动者、劳动工具和劳动对象的内容和性质发生了很大的变化，作为社会形态演进中的最根本的因素，生产力性质的改变对于整个社会的政治、经济、文化、军事等都产生了深远的影响，而使信息社会呈现新的特点和发展趋势。信息社会的基本特征可以概括为：信息化、智能化、国际化、未来化。

信息社会的新特点对现代城市建设和发展的影响正日益加速和加深。随着工业社会向信息社会的演进，人类以大城市聚集为主的方式正在发生变化，城市人口在经历了几百年的聚集之后开始出现扩散化的趋势，中心城市发展速度减缓，并出现郊区化现象。大城市人口的外溢使城市从传统的单中心向多中心发展。若干中心城市通过增长轴紧密联系，整个区域成为一个高度发达的城市化地区。不同规模和等级的城市之间通过发达的交通网络和通信网络，形成功能上相互补充、地域上相互渗透的城市群（都市连绵区），城市群在整个国民经济发展中的地位和作用越来越突出，影响及支配着世界经济的发展。欧美、日本包括中国等都有为数不少的城市群。

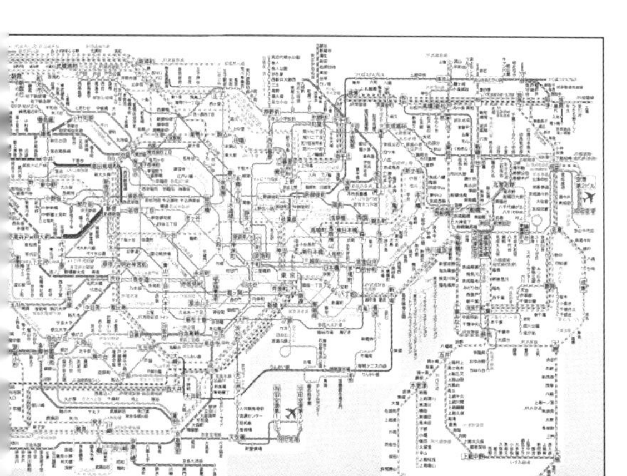

信息社会新的生活方式也正在形成。在信息社会，智能化的综合网络将遍布社会的各个角落，固定电话、移动电话、电视、计算机等各种信息化的终端设备将无处不在。“无论何事、无论何时、无论何地”人们都可以获得文字、声音、图像信息。信息社会的数字化技术将广泛应用，人们将生活在一个被各种信息终端所包围的社会中。

纵观世界园林发展史，可以看出，园林是社会生产力发展的产物，它在一定程度上反映了社会各个发展时期的哲学观念、文学、艺术和科学技术的发展。远古时代的技术启蒙孕育了景观设计产生的温床，在物质条件得到一定的满足之后，产生精神层面的需求，园林便诞生；工业时代的技术与高度社会化的生产方式相结合，推动了景观设计的发展；当代社会随着信息技术的发展，生产方式由过去的经验型向知识性、科学性和信息化方向过渡，作为人类栖居环境的景观因为计算机网络技术、多媒体技术、电子通信技术的影响正呈现出前所未有的变革。同样，园林建设作为城市建设的重要组成部分，其发展方向同样在向着信息化迈进。而景观设计也同样深深地铭刻着信息技术的烙印。多媒体技术、计算机网络技术等信息技术正在成为当代景观设计不可或缺的部分，它们也是景观设计变革的重要推动力量。人们通过信息技术的使用以及从景观的信息化表达中感受到景观的现代、智能、高效、顺畅等综合印象。

千叶大学园艺学部校园内的法式庭园

Yayoi Kusama, *Gleaming Lights of the Soul*, Liverpool Biennial, 2008 Japanese artist Kusama lives with a psychological condition in which she literally sees patterns (dots, flowers and nets) in environments everywhere
（引自：http：//www3.interscience.wiley.com/journal/）

而传统园林就像一本书，学习和研究传统园林，有助于我们了解曾经的历史文化，掌握传统的造园艺术和技术，继承传统造园文化的精华，利用新科学、新技术、新材料创造出新时期具有地方传统又富有时代精神的新园林。

新媒体——手机 or 掌上电脑?

4.1.2 媒体、信息与景观

（1）所谓**媒体**（Media），是指传播信息的介质，通俗的说就是宣传的载体或平台，能为信息的传播提供平台的就可以称为媒体了，至于媒体的内容，应该根据国家现行的有关政策，结合消费市场的实际需求不断更新，确保其可行性、适宜性和有效性。此前，传统的四大媒体分别为：电视、广播、报纸杂志、户外媒体。户外媒体即环境媒体，如路牌灯箱的广告等。随着科学技术的发展，逐渐衍生出新的媒体，例如：互联网、移动网络、IPTV 等，他们在传统媒体的基础上发展起来，但与传统媒体又有着质的区别，新媒体是以数字信息技术为基础，以互动传播为特点，具有创新形态的媒体。

（2）广义的**信息**指的是客观世界中各种事物的存在方式和它们运动状态的反映。用通俗的说法，可以认为信息就是客观世界一切事物存在和运动所能发出的各种信号和消息。狭义的信息指的是能反映事物存在和运动差异的、能为某种目的带来有用的、可以被理解或被接受的消息、情况等。Information 一词理解为狭义的信息时，常被译为情报。中国国家标准 GB4894—85 关于信息的定义则将两类表述合并为：信息是物质存在的一种方式、形态或运动状态，也是事物的一种普遍属性，一般指数据、消息中所包含的意义，可以使消息中所描述事件的不定性减少。信息无所不在，可以感知，但它不是事件和物质本身，信息是客观事物的存在方式或运动状态，以及关于客观事物存在方式或运动状态的陈述。信息是原料，经过人类的认识活动，成为已知的知识。

信息的生成是呈放射爆炸式的

（引自：http//cdn.mashable.com/2008/03/19/ebooks-social-media/）

城市“源媒体”——新宿街头绿地景观——环境小品
——景观就是媒体，从中看到了什么？不同的人会有不同的答案

（3）**景观**，实际上是个地理学概念，狭义地理解就是风景(Scenery)，视觉所能感知的物象。实质上就是在一定的条件之中，以自然和人文现象所构成的足以引起人们审美与欣赏的景象。我们所从事的学科叫 Landscape Architecture，译文名称风景园林或者叫景观设计等。本文所要论述的景观可以当作 Landscape 来思考。那么，构成景观的三类基本要素就是景物、景感和条件。景物是风景构成的客观因素、基本素材，是具有独立欣赏价值的风景素材的个体，包括山、水、植物、动物、空气、光、建筑、构筑物以及人和人的活动等等各种有效的风景素材。景感是风景构成的活跃因素、主观反映，是人对景物的体察、鉴别和感受能力。例如视觉、听觉、嗅觉、味觉、触觉、联想、心理等等。条件是风景构成的制约因素、原因手段，是赏景主体与风景客体所构成的特殊关系。包括了个人、时间、地点、文化、科技、经济和社会各种条件等。

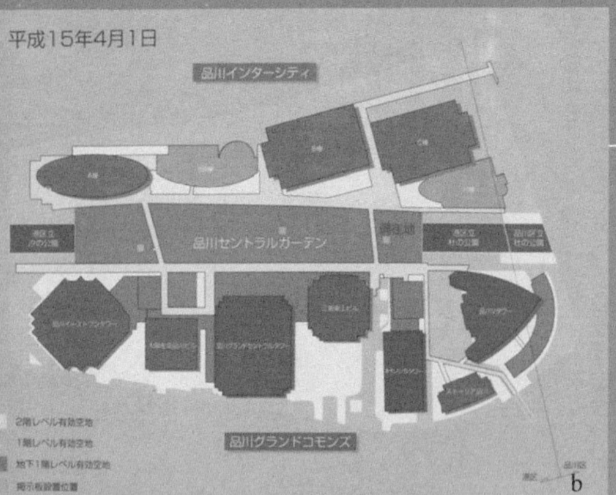

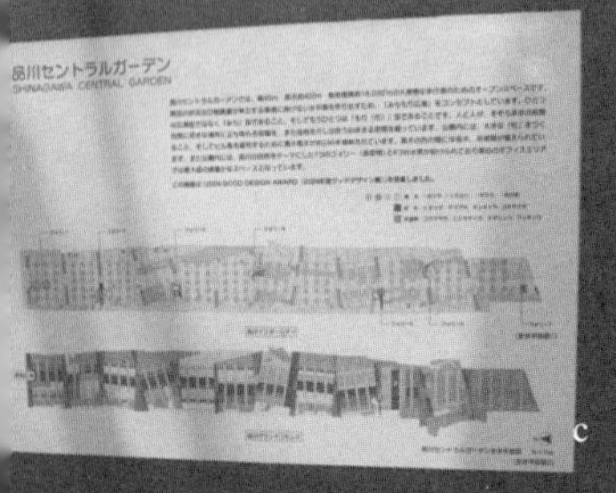

东京品川中央公园

a 在景观现场获取景观设计信息

b 现场展示的公园所在环境位置图

c 现场展示的公园设计平面图

d 公园节点设计创意说明

e 构筑物 7 号的实景

f、g、h 公园内实景拍摄

（4）三者相互关系：媒体是信息传播的平台，信息和媒体在一定程度上是共生的关系。没有信息，媒体就失去存在的意义；而没有媒体这个平台，信息得以传播将变得很困难。当然，在信息传播的过程中，无论是媒体还是消费者都会进行有选择的吸收或者是可能的再加工。

我们可以从媒体的角度来看待景观、思考景观、设计景观。将景观视为源媒体，如建筑、园林，甚至于城市都可以视为源媒体来看待。常说城市就是一个大舞台，也就是一个大媒体。园林景观就是园林文化的主要传播媒体，游赏一个“园子”，实际上就是和园子在对话，如同看一幅画、读一本书、欣赏一部电影。通过交流，能够从该媒体（园子）所获得的信息主要有：设计者所要表达的、园子本身所要表达的、欣赏者所要表达的。这里就存在“仁者见仁，智者见智”的问题，这也是由多方条件所决定的，也是“多样性”的另一种表达。

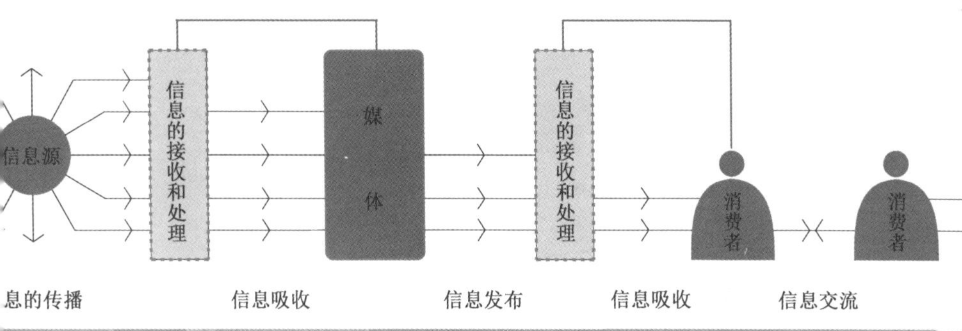

信息传播路径示意图

我们获得的信息很大一部分源自媒体。如见习地点？去哪里？在哪里？怎么去……？都可以通过媒体获得相应的信息。如图示，通过设计者精心设计的相关媒体资料，就可以获得景观中的一些设计信息。这样不仅可以正面地传播设计的相关信息和资料，还可以让使用者和参观者更好地理解设计者的意图，与景观更好地对话。

4.2 作为信息媒体的景观

4.2.1 景观的媒体机能

书刊杂志是传统媒体之一，其内容无非是文字和图画的组合，而文字和图画则是信息的符号化。信息如果需要通过媒体来传播，首先要转化为信息符号和介质，即信息──→文字、图画、声音──→媒体。在园林文化领域，无论在东方还是在西方，很多诗文绘画与园林的关系极为紧密，甚至互为表述。如中国传统的写意山水园，“移步换景，如诗如画，诗情画意”，由此可见中国古典园林和绘画的关系一斑。“不知中国画理，无以言中国园林”（陈从周《梓室谈美》）。“一座中国园林就是一幅三维风景画，一幅写意中国画”（童寯《童寯文集》）。甚至有“书画同源”的说法，把画说成“无声诗”，把诗说成“无形画”。赏园就是在读诗就是在看画。书画是媒体，那么园林也就是媒体。

园林有传统风格与现代风格之分，有东方风格、西方风格及其他风格之分，西方传统园林又有法国勒诺特式园林、意大利台地式园林、英国风景式园林等等之分。而现代园林景观又有观念上的不同：宏观的观念、生态的观念、构成的观念、文脉的观念、民众参与的观念等等；同时由于信息化的高度发展，园林景观在原有风格的基础上不断演化出五花八门的主义：现代的、后现代的、新古典的、结构的、解构的、极简的……。那么现在有一个问题，这些表现不同风格与主义的园林到底是怎么得以被认识及传播的？那就是通过各种媒体以及现实中的园林实例——源媒体。这就是景观的媒体机能。

另外，景观（Landscape）是近代才有并得到使用的概念。而且，从它的起始阶段开始，就具备信息传播这样一种媒体机能。例如，很多企业的形象设计（CI 战略）就是采用风景如画的田园风光为策划的缘起。而这种风致景观则明显具有很强烈的媒体意味。

作为风致景观最具代表性的或许就是 18 世纪的英国风景式庭园（Landscape Garden）。英国自然风景式造园思想首先是在政治家、思想家和文人圈中产生，他们为风景式园林的形成奠定了理论基础，并且借助于他们的社会影响，使得自然风景式园林一旦形成便广为传播，影响深远。

从 1851 年在英国伦敦的海德公园开始举办的世界博览会，则将源媒体的功能发挥到了极致。世界博览会（简称 World Expo）又称国际博览会，参展者向世界各国展示当代的文化、科技和产业上积极影响各种生活范畴的成果。将种种有助于人类发展的新概念、新观念、新技术展现在世人面前。因此，世博会被誉为世界经济、科技、文化的“奥林匹克”盛会。而每一次世博会的举办，就如同开一个盛大的 Party，成为全世界媒体聚焦的中心。信息由此发出，影响万千。

1851 年的伦敦世博会水晶宫内部

水晶宫成就了首届世博会的举办，世博会的成功又为世界上第一次聚集众多国家，为了一个和平的目的交流不同文化、科技成果开创了先例。

（出典：吉田光邦《万国博览会史》思文阁出版，1999，P127）

1893 年芝加哥博览会场的部分实景

中心为日式风格的茶屋，为传统日式园林景观的推销与宣传。

（出典：吉田光邦《万国博览会史》思文阁出版，1999，P29）

爱知世博会的会徽和吉祥物

获得多项科技创新奖的日本馆

长久手日本馆旁的污水处理装置

举办世博会，不仅给参展国家带来发展的机遇，扩大国际交流和合作，促进经济的发展，而且给举办国家创造巨大的经济效益和社会效益，宣传和扩大了举办国家的知名度和声誉，促进了社会的繁荣和进步。世博会就是一个大媒体平台，每个参展的国家都会不遗余力的宣传自己，推销自己。

当社会生产力水平越高，社会化生产的专业性就越强，社会生活的一切活动就变得更加有序。世博会在经历了近百年的演绎之后，1933 年美国在芝加哥举办了主题为“一个世纪的进步”的世博会。这是第一次有主题的世博会，要求参展者围绕一个共同的题目设计和创作自己的展品。会上展出的多是百年科技的成果，使人们看到了一个世纪以来科技的巨大进步，备受鼓舞。从此以后，每一届世博会都确定了一个极富意义的主题。

日本 2005 年爱知世博会的主题是“自然的睿智”，提出的口号是“让地球充满微笑，让地球美梦成真，让地球光彩照人，让地球声形并茂”，宗旨是通过世博会提醒人们清醒地意识到目前各式各样的地球潜在危机，倡导在全球范围内力求解决地球的可持续发展问题以及建立与自然和睦相处的社会。所以这届世博会还有个爱称——“爱·地球博览会”。可以说那届世博会是一次成功的生态技术和环保理念大展示的盛会。如长久手日本馆作为主办国的展馆，建造理念表达了重新连接渐渐疏远的人类与自然的关系。这里应用了各种各样的新技术，包括采用最尖端技术的新能源系统、降低空调负荷的竹笼、超亲水性光触媒钛钢板流水降温屋顶、通过植物叶子蒸腾给周围带来清凉的绿化墙和可重归土壤的外墙和砖等。

上海图书馆世博信息中心提供的资料表明，爱知世博会上获奖的技术大致分为八个主要方面：防止全球变暖和确保可持续能源的技术(22 项)；资源的有效利用和废物利用的技术(17 项)；引领可持续社会新发展的技术(16 项)；保护饮用水和水资源的技术(12 项)；自然的保护和复原技术(12 项)；利用森林 / 木材资源的技术(9 项)； 利用生物资源的技术(7 项)；对付环境污染物的技术(5 项)。而所有这些新技术的方向也都是景观设计的未来。(注本页左侧图片和部分文字内容引自：http：//www.expo2010.cn/，http：//www.expo2005.or.jp/)

除了世博会，现在有越来越多的国际性的、地区性的、主题性的、专题性的等等名目繁多的展览。在一些涉及景观设计及景观相关学科的展览中，就会有各种不同景观设计思潮、概念、流派、手法等等成为传播的对象，它所提供的信息，可能是实用的、超前的、稀奇古怪的、包容的等等。

日本关东地区学生景观设计展览

上述图片为 2009 年在横滨举办的日本关东地区学生景观设计展览（本组图片由吴庆书拍摄）。展览提供了交流的平台，模型——比例缩小的景观、图纸——二维的景观。通过展览活动，无论是有提交作品的学生还是仅仅参观的学生，都可以得到许多课堂上所没有的东西，即所谓的走出去。通过同学和同学之间、和老师之间、和作品之间的广泛交流，获得的也许不仅仅是景观设计信息。

4.2.2 景观媒体的影响力

人类社会的沿革与变迁、社会资源的历次重组对人类传播纬度的延展、伸张都具有决定性价值。反之，传播媒体的兴替、介质的累叠也构成联结人类政治、经济、文化和日常生活领域的轴心力量。传媒从信息供给转向对信息的解读、整合甚至重塑，受众也成为公共传播空间的参与者,在更为“草根”的网络传播渠道中发送或接收海量信息，同时部分地让渡私人空间。其中，媒介事件更为典型地展示了传媒认知世界的图式，对投射当下复杂社会境况及反思传媒的理性建设颇具价值。

所谓媒介事件是指对公共领域内具有公众性、公开性、公益性和公共性价值的议题事件，运用各种传播介质如报纸、广播、电视、网络等，进行聚焦式、全方位、密集型直播或报道。媒介事件在媒介的广泛参与、联动作用下，营造出盛大的媒介景观。也表现出现代民主社会、市场经济、消费文化多重博弈下，传播专业取向与大众日常生活世俗化。同时，体现当代社会基本价值观、引导个人适应现代生活方式、并将当代社会中的冲突和解决方法戏剧化的媒体景观现象，组织和推动了当代经济生活、政治冲突、社会交往和日常生活。景观设计方案的国际招标则是景观领域的典型媒介事件，如北京奥林匹克公园的建设：国际招标──→全方位媒体发布，引起媒体关注、专业领域关注、公众关注──→国际影响力。

那么，对于那些不甚引起媒体关注的新景观如何成为重要的公共媒体信息？诚然，不是所有发生的事情都能成为公共事件。公共事件是指能引起社会普遍关注并引发议论以及社会波动的事实。同样，景观是否能够被关注，在于景观的影响力——高品质、独特性。正常的景观往往只是一种风格的复制，只有具有独特性（设计理念、设计手法、建造方法、视觉印象等等）的景观才有可能被关注。至于这种独特性是来源于传统的、与时代相适应的还是超前的？这是在设计时需要思考的问题。

看日本的电视节目有一个很深的感受，就是许多主持人或者叫艺人都喜欢“标新立异”，显得与众不同，发型、服饰、表情、动作等等典型特征的强调，甚至是男扮女装或女扮男装，你也许不知道他（她）的名字，但你一定知道有那样一个艺人。或许，在挑剔的观众面前惟有如此，才能得以更好地生存和发展。这就是消费市场对独特性的需求。

建于 1991 年，位于日本千叶县幕张新都心的 IBM 计算机展示中心庭院。由彼得·沃克主持设计，该庭园设计融入东方设计元素同时具有典型的极简主义风格

4.2.3 景观媒体的活力

媒体的生命力在于为受众奉上丰富、新颖、优质的精神食粮，在信息社会里还有一个关键——速度，信息的获取速度和信息的更新速度！

法国人保罗·魏瑞利奥 (Paul Virilio) 在《消失的美学》一书中指出，“消失”并不是指“美学”消失了，而是指在速度中后现代景观的一个重要特征——消失。速度越增长，控制就越倾向于取代环境，交互活动的时间逐步取代了身体活动的空间，一个有意义空间的价值评判标准是其能提供信息量的多少和新鲜程度。人们在技术速度面前，若不想被世界所抛弃，就不得不成为摄取信息的贪婪者，而城市正日益成为信息传播的中枢。

城市公共空间如广场和街道等亦被赋予不同的文化信息内涵，且不断的更新，如不断举办各种活动以保持其生命力。“这个地方人多，那个地方人少；逐渐演变成这里信息多，那里信息少。”人多的原因之一就是该空间能提供更多的信息量和更新鲜的信息，这里的信息更新速度和频率比较快，反过来，人越多，信息和故事就越多，人和人的活动本身也是信息的一部分。这是媒体的时代，信息的时代，速度的时代，对于景观规划设计而言，需要不断地推陈出新，这就是信息的传播文化——消失的美学。

城市景观生命力的体现，很大程度上取决于公众——它的使用者。城市公共空间的建造绝大多数是为了公众服务的，相对来说，使用者越多，利用率就越高，该空间就越活跃。而相聚在同一空间是活动发生的前提——人及其活动总会吸引另外一些人——新的活动便在进行中的事件附近发生——“人往人处走”，1+1>2。

人和人的活动是城市最大的景观，最有魅力的景观，最重要的景观！

看与被看，交流与被交流，信息与被信息……

原有的文化景观提供信息源，各种人的活动是二次元信息，信息的不断累积和叠加，构成万象的城市景观。

涉谷街头著名的雕塑“忠犬八公”和留影的人们

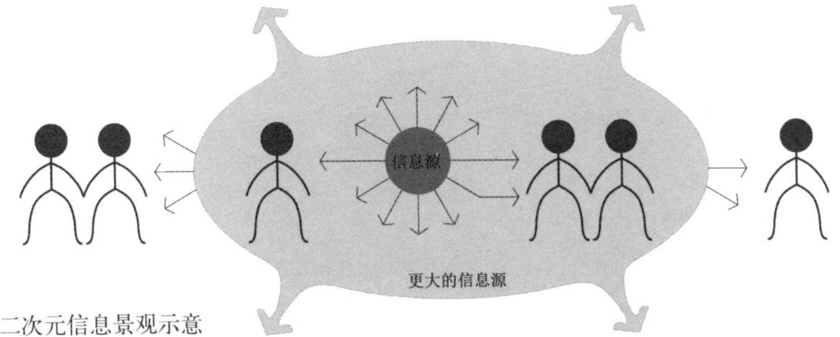

二次元信息景观示意

原宿表参道的热闹景象——观看表演活动的场景

日本街头经常举办各种节庆活动和临时集市

上野公园美术馆前的个人艺术表演

断　章

卞之琳

你站在桥上看风景，
看风景人在楼上看你。
明月装饰了你的窗子，
你装饰了别人的梦。

世界上许多人和事，貌似彼此独立、无关。实际上息息相关，相互依存、相互作用。人是社会的人，物是社会的物。人（你）可以看风景，也可以自觉不自觉点缀了风景，人（你）可以见明月装饰了自己的窗子，也可能自觉不自觉成了别人梦境的装饰。从中可以体会到，人与人之间、物与物之间的一种相辅相成的关系。

横滨港大桥码头——被剧组“消费”的优质景观

某电视台正在录制节目——被游客“消费”的靓丽剧组

人看人

看与被看

交流与被交流

信息与被信息……

凭栏观海的景观

围观——被另一部分游客“消费”的热闹景象

企业的标识景观　　　　某公园的导游牌

4.2.4　环境媒体

什么是环境媒体呢？环境媒体是指户外与室内等一切公共空间环境中的广告媒介形态，强调充分借助环境道具来表现广告主题，并与环境有机地融合在一起，使之成为城市环境中的视觉景观。

在现代的城市空间，广告在公共空间中所起到的作用应该不仅仅是一种为广告而广告的形式，广告应该为城市环境品质的提升起推动作用，并融入城市景观一体化。否则我们满大街去看所有的广告可能几乎都是视觉污染，成为城市的视觉垃圾。广告的设置在城市空间里也要讲社会道德，广告和城市空间能够和谐为一体，这是它的道德之一。

从城市整体风貌建设角度来讲，环境媒体可以有效地跟城市的公共空间和景观结合起来，使之成为广告与景观一体化的模式。达到广告效果、视觉效果、城市风貌三者统一的高度上来。我们也可以看到很多诸如此类的广告，都是普遍应用于我们城市的大街小巷。环境媒体要充分利用现实空间和环境中的要素来产生特有的视觉效果，这恰恰是我们城市空间里非常重要的视觉传达要素之一。

城市街头的信息牌

融媒体、景观、信息于一体的橱窗

a

b

c

d

4.2.5 信息园林

21 世纪是信息的世纪，也是环境的世纪。以人为本，生态优先；人与自然和谐共存是人类生存的永恒主题。“信息园林”的提出，实质上是希望建立一种普遍的建设理念框架。它旨在回应信息社会对信息技术发展的美好憧憬与人类对赖以生存的生态环境诗意眷恋的双重要求。信息化与园林化和谐并存并相互融合，其最终目的是营造一个既具有地方传统文化氛围又富时代气息的人类宜居环境。

景观设计中应该吸取当前时代下环境研究与设计的最新成果，对与学科相关的一切新科学、新技术、新材料、新思维、新理念的广泛吸取与应用，对城乡环境进行科学规划设计，以真正体现新世纪自由、民主、开放的环境特征。环境塑造中，应借鉴中外园林景观的一切先进理念与手法，并将文学、艺术、建筑科学、环境科学多学科综合运用，并结合场地现状的实际情况，以追求境像互生的美好境界，与信息社会的发展相得益彰和谐共荣！

信息化、数字化强调交流与互动。21 世纪是知识经济时代，是强调公平性与开放性的时代，也是更强调共享与交流的时代。作为知识经济创新中枢的现代化大都市，强调更为开放、自由、交流与共享无疑将激活创新机制，提高知识生产效率。因此，作为景观设计师除了要将城市景观设计得漂亮外，更要致力于该空间促进人与人、人与环境之间的广泛交流，如果仅有空间而没有人的活动和身心投入，空间就只有物理的尺度概念而无实际的社会效益，只有空间与行为相结合，才能构成某种行为场所——生动的空间。

“面对面的交流是人与人最本质的交流”，因此就需要建立一个完整的共享交流体系。这种体系可以通过信息交流方式的改变、信息周期的控制、信息内容的更新等达到，并以可供交流与共享的公共空间——物质环境为载体。共享、交流的物质环境体系包括了大致整个城市可供活动的各式室内外公共活动场所，并关涉到环境建设的任何一个角落。不仅是公共建筑均应在通用化、可变性、参与性设计的基础上放大各类活动休息空间的分量，同时配备适当的服务设施（如休憩设施、小的餐饮设施、简便的通信设施等），来为人们之间的交流提供便捷的场所与良好的硬件环境。当然，这种共享、交流的物质环境体系的建立应首先考虑到不同使用人群的行为特点。如必须考虑老年人和残障人员的特殊性，应提供尽可能便利易达、亲和的室内外活动与休息空间。

a. 夜间可发光的地面路标
b. 有层差的地方一定有电梯，
有电梯的地方一定有盲道
c. 面对面的交流
d. 有家长和儿童参与的景观
e. 信息的提供与咨询中心
f. 日比谷公园前的盲文地图
g. 盲道
h. 与道路连为一体的休憩空间

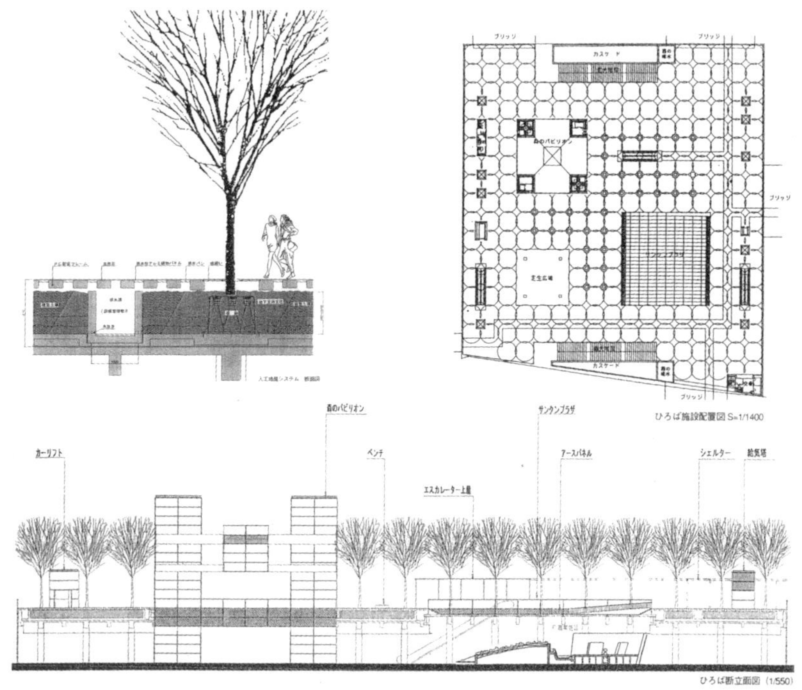

榉树广场平面图、剖面图（出典：《Landscape design》，マルモ出版，2000（22），P12）

信息园林除了要具备一般园林的特征之外，如功能特征、美学特征、经济特征等，而且在人性化、地方化、生态化等方面要进一步强调，还应该有为适应新时期条件下的社会发展而具备的新特征：科技化、信息化、智能化、数字化等。

榉树广场可作为信息园林的代表作之一，在此作简要介绍。该广场位于日本琦玉县新都心，建于2000年，广场为地下1层（290个车位停车场），地上2层，局部3层的构造，1层和3层有约20个各式店铺和餐馆，榉树广场往往主要指种植有220棵榉树的架空的2层。架空2层部分将周边环境和建筑连为一个整体，有步行交通枢纽的意味。广场上有下沉约60cm左右的多功能场地和一个草坪广场，作为举办各种定期和不定期公共活动的空间。2层还设计有漏空，因此1层和2层在视觉空间上具有流动性。该广场具有信息园林所应该具有的特征。

榉树广场外侧景观

榉树广场的二层景观

结合照明设计的精致的休憩小品，带有整体设计风格的廊架，自动扶梯和垂直电梯间。

琦玉县新都中心榉树广场

a. 高品质铺地设计，盲道、装饰纹样和烟灰缸
b. 下沉式多功能活动场，盲道和坡道设计
c. 整体风格廊架设计，盲道的转折处设置声音导航仪
d. 与照明结合的休憩设施景观
e. 结合支撑结构设计的路标
f. 进入多功能活动场的一条坡度很缓的坡道
g. 结合排水处理的地面铺装设计

人们在不同场地环境条件下的交流

a. 登山赏红叶交流会

b. 赏樱花交流会［出典：フリー百科事典《ウィキペディア(Wikipedia)》］

c. 赏海景、交流

d. 静憩空间促膝长谈、交流

e. 玩伴与成长

f. 老人与风景

g. 结伴逛街

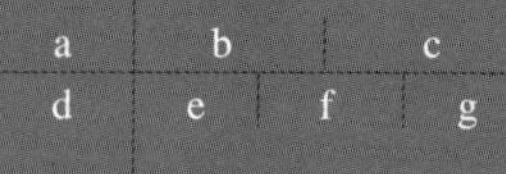

交流——信息园林的典型特征之一。新世纪的园林应该是适合公众交流，并致力于积极创造适于交流的空间。人与人、人与环境的广泛信息交流，这些随意或者有组织的社会性活动是人格培养和精神放松的良好时机，社会精神的体现更多地在于这些活动。因为人具有社会性，参与和交往的愿望是每个人都具有的。合适的空间环境将有助于人的交流，反之，将会制约人的相互交流。

鳞次栉比的现代化高楼
富有传统风韵的古建筑

现代的开放性公园
静谧的枯山水庭园

东京印象与京都印象

信息化的另一方面——地方化！

信息化的社会是国际化的社会，亦是强调个性化、多元化的社会。“地方的才是特色的；民族的才是世界的”。说的就是这个道理。因此，没有“地方化”就没有“全球化”，“地方化”基础上的文化“全球化”才是可持续发展的文化观。吴良镛先生有言“在全球化进程中，对本土文化要有一种文化自觉意识，文化自尊态度和文化自强精神”。

东京

繁华的夜景
朴实的夜景

京都

如果这个世界上每个人的信息都是相同的，那么这个世界无疑会令人崩溃。城市亦是如此。一个城市的识别性？城市的意向？城市的性别、年龄、性格、装束等等？一个亲切的有特色的城市应该提供她的身份信息以供识别。独特的城市识别设计可以让我们的城市形象更加有趣味、有乐趣。因为我们的城市形象有很多太千篇一律了，我们有时候早晨到了一个城市之后，突然发现自己不知道在哪个城市，因为你所看到的是一个样，这就是我们的一个大问题，就是我们没有自己城市的个性了，没有差异了。每个城市如果提供的信息都一样，没有差异的话，即缺少“异质性”，那么我们的城市文化就相当于快要死了。就相当于在互联网上，各网站提供的内容信息都一样，那么互联网就会死掉。

因此，城市环境建设必须提供足够的独特的地方化的个性化的可供识别的景观。如公共活动场地建设，应该创造一个可学、可居、可游、有特色的城市物质环境——彰显地方特色的城市精神。所以，建设新世纪城市景观必须作翔实的实地与理论研究以获得充分的信息资料，只有在此基础上，城市环境的特色塑造才能成为可能；也只有如此，“地域化”的城市建设，有特色的“城市文化”的建立才真正有实现的可能。在全球化浪潮中确立“地方化”的文化观和价值观，以回应多元而统一的新世纪文化景象。

4.3 景观设计与数字化时代

现代城市作为资源、环境、人口、经济、社会要素的地理综合体，与人们的生活息息相关。城市的结构、面貌及规划状况将直接影响人们的生活。城市是一个在时间、空间上动态变化的有机系统，以往只以一张城市规划图来了解城市的做法现在已显得无能为力，现代社会的发展要求控制城市的总体景观，要求建立5维(包括坐标、时间、对象属性)的城市模型。所以，近年来数码城市、虚拟城市、城市信息化引起全球的研究热潮。所谓“数码城市”,就是以计算机技术、多媒体技术和大规模存储技术为基础，以宽带网络为纽带，运用3S技术：卫星遥感(Remote System, 简称RS)、全球定位系统(Global Position System, 简称GPS)、地理信息系统(Geographic Information System，简称GIS)、遥测、虚拟技术等对城市进行多分辨率、多尺度、多时空和多种类的三维描述，即利用信息技术手段把城市的过去、现状和未来的全部内容在网络上进行数字化虚拟实现。数码城市能虚拟仿真并可视化，表现城市地理、人口、资源、环境和社会经济等。其丰富的分析、表现手法有利于提高政府决策的科学性，提高城市管理的效率。数码城市能为城市各种资源在空间上优化配置、在时间上合理利用，宏观、全局地制定城市整体发展战略，能够减少资源浪费和功能重建，最终实现可持续发展。

可见数码城市就是让城市信息数字化，如果没有丰富的信息资源及共享信息资源，数码城市建设便受到极大的限制。3S技术、虚拟现实(VR)技术等是必要的获取信息、进行三维模拟的技术关键；计算机及网络通信技术也是离不开的。因此，实现数码城市需要多方面的技术，包括网络、数字化、虚拟现实等。而计算机海量存储技术、网络技术、CAD技术与3S技术的迅速发展，则大大地促进了数码城市的发展。先进的压缩技术也将使在网络上移动海量数字图像数据成为可能。高速的远程通信网络将允许我们从远程空间数据交换中心调用非常大的数据文件进行地理分析和图像显示。在未来的数年里，城市三维与虚拟现实技术在城市规划、设计、决策等领域将得到更加广泛的应用。

目前的实践和研究表明，数字化是景观设计未来的发展方向之一。数字化对景观学的影响不只限于用电脑辅助设计，或做出令人匪夷所思的超前景观形态，或是利用“虚拟现实技术”使设计成果更具有可视性和可评价性等等，而是牵涉到传统意义上的景观学的各个物质层面和精神层面。数字化思考也不仅仅是局限在用电脑作为绘图工具或一种空间和形态的创造力量，而应该伸展到人类物质和精神生活的更广阔的层面。专家们还预料，无形的数字信息和网络将会促成多元、层级的无限智能场所空间的形成，从家庭空间到住宅区乃至整个城市。首先，通过智能化在家里可做的工作越来越多，与这种变化相适应，家庭空间需要不断地增多和增大。其次，当生活工作一体化结构的建筑逐步发展后，将会使把工作区和生活区严格分开的传统规划方法变得过时，并鼓励两者结合在一起。诸如此类的变化将产生环环相扣的大量智能场所，并最终形成新的城市形式。

GIS 综合解决功能图示
地理信息系统技术现在已广泛用于科学调查和自然资源管理，如林业、农业、矿业、石油和天然气的勘探和环境影响评估，城市规划、景观规划、自然灾害、土地覆盖和变化检测，地籍测绘和栖息地保护等等。（图片引自：http：//www.satimagingcorp.com/svc/gismapping.html）

数字网络也在继续演绎着这个进程。21 世纪的城市将是互相连接，互相作用，到处都是硅和软件的智能化、灵敏度高、响应及时的系统。我们会在服饰、房间、景观、校园、社区、都市、全球基础设施等各个层面感受到这个系统的存在。以前面述及的博览会为例，现在，许多博览会除实体的展示外,同时要搭建一个网站,也就是一个虚拟展馆，虚拟展馆的优点在于：博览会结束后仍然可以长时间存在，并可以使全世界的人来访问这个网站；不仅实际的东西在虚拟展馆中可以看到，而且更方便人们参观，所以现在虚拟展馆已经成了实体展馆的一个必要形式。

电脑除了提供所有过去传统媒体的功能，而且将这些媒体变得十分容易操作以外，也承续了设计历史上有关设计过程与方法的脚步，发展了许多从未出现的设计媒体，如虚拟实境、自由形体技术、网际网络等等。同时，数字化时代所创造的高科技生存环境，虚拟和现实城市的共存可以进一步在更大程度上满足人们的精神需求，为人们提供更多的选择。这就对景观和城市的环境塑造提出了更细致的要求。由于景观学涉及经济、技术、社会、科学、艺术等很多个方面，而网络和虚拟空间的出现，使我们有可能在一个新的空间——虚拟空间里发展景观学。 景观学的崭新领域就是将环境实体空间和虚拟空间相结合，来研究分析可能的动态变化的形态和结果， 这也是景观学科建设的新目标，虚实互动并在虚实互动中进行数字空间设计。另一方面，

还可以通过数字化的建设来带动生态化的发展，这一点已经被广泛地运用于实践。

但是，我国当前现代信息技术在风景园林领域的应用程度依然很低。如今，园林工作者对计算机等新技术的应用大多还偏重于数据库的建立或者单纯的制图，数字技术在风景园林中的许多强大的功能依然没有得到应用和发展。其原因除风景园林专业涉及面广泛、问题复杂之外，主要是因为社会各界对该领域不够重视，未形成整体的技术应用与开发力量。随着经济全球化和全球环境的不断恶化，世人对土地的开发利用和生态环境的保护提出了更多更高的要求，特别是在大尺度空间土地利用中对资源调查、景观分析、环境保护、废弃土地利用以及城市建设等方面。因此，风景园林领域所面临的范围和问题的复杂程度也日趋扩大。终究由于景观学是一门非常具有社会性和实践性的专业，因此景观专业人士必须了解社会，包括其政治、经济、文化等等方面，并将这种对社会问题的关注和了解最终落实到具体物质环境的营造。

作为数字信息化和景观结合的最有代表性的场景之一，东京涉谷车站前的景观。被各种各样巨大的数字屏幕包裹的建筑表皮，形成一个“超平面景观”（图片引自：http：//tenplusone.inax.co.jp/review10/tanaka_1.html）

通过以上的探讨，并不是希冀要得出什么具体的结论，只是希望以另外一种角度思考景观和景观设计，并能够有所感悟。以信息媒体的角度看待景观，就要求现代的景观设计能够与时俱进，与时代的发展相一致，不是停留与保守，而是开放与包容；“景观媒体”内容不断更新，不断进步，这样才能够被公众所接受、喜欢并“消费”。21 世纪是信息的世纪，信息需要流动，交流让信息产生意义！未来城市公共空间是信息化的空间，而景观本身就是信息传播的平台——“源媒体”。现代的景观设计也早已不再局限于传统模式上，将着重探索空间中的体验乐趣与信息社会的融合途径以及未来城市空间的发展方向。在保证城市空间结构合理的基础上，将信息互动化融入城市设计中，从而带给人们全新的景观体验。相对于传统城市空间，现代城市空间则是一个综合载体，它承载人们的各种日常活动和商业行为需求，同时更是信息容纳和信息更新的场所。

参考文献

[1] 周子学．信息社会的基本特征和趋势探讨 [J]. 理论前沿，2004（23）.

[2] 项秉仁．面对数字化时代的建筑学思考 [J]. 新建筑，2001.06.

[3] 郭葆锋，肖大威，孙季丰．数码城市三维景观虚拟现实技术 [J]. 四川建筑科学研究，2007.04.

[4] Landscape design. 株式会社 マルモ出版，2000.

[5] 中国社会科学院语言研究所词典编辑室．现代汉语词典 [M]. 上海，商务印书馆，2005.06.

生态化
地方化
信息化
数字化

当今社会，速度逐渐成为一个值得关注的话题，人们不约而同地惊呼“速度时代来临啦！”。的确，速度以往、现在甚至将来都改变和影响着我们的生活。人类从远古时代一步一步走来，速度带来的不仅仅是物质的改变，更多的是改变了人类的观念和思维。设计也不可避免地陷入了这个漩涡。不管是设计者和使用者，谁都不能忽视速度带来的变革和影响。如今的设计如果忽视了速度这一重要因素，那么这个作品就很难获得使用者的共鸣和赞同。当然，在本章中笔者所谈的速度并不是简单的，停留在字面意思上的速度。这里的速度存在着与设计一种新的辩证关系。速度改变了人们的生活，从而也改变了设计。从设计一开始，设计者都是存在着一定的思维控制着他们的设计，然而速度引发的变革塑造了设计者新的思维。同时速度也影响着使用者，这样反过来制约设计者的思想。本章正是想借“速度”这一概念，通过对现象的阐述，从而得出启发和启示。能给读者留有思维和思考的空间和余地，这是我们努力达到的。

快速度现象（引自：www.nipic.com）

5

设计中的速度，速度中的设计

张云路

5.1　速度对设计的挑战和影响

首先，作为现代都市所肩负的最大的课题之一。移动速度与空间这一话题，从设计角度思考它们是如何对应的呢？我们先看看速度到底有多大力量。

5.1.1　不可避免的速度

20 世纪可以说是速度的世纪。虽然一开始在工业化和机械化前，速度并没有在人类生活中引起重视。但随着工业革命所带来的交通、通信的发达，速度已不仅仅表现为外在的一种运动表象。更多地表现在速度所带来的人们观念革新上的影响。

随着时代的进步、科技的发展和速度的改变。随之而来的是生活生产的改变，导致人们对事物的看法和观点的改变。以下我们谈到的例子，比如速度对交通、饮食、行为习惯等的冲击和影响。让人类旧有的，习惯于静态和慢速的欣赏习性受到挑战，导致在一定程度上让我们的欣赏经验也越来越离不开速度。欣赏开始有了对动感速度的渴望与追求。速度正在重新塑造我们对事物（包括设计）的视觉经验。

生活方式 欣赏习性的改变

速度效果
（引自：http：//image.baidu.com）

速度加快

5.1.2 速度挑战下的生活

20 世纪初以前马车仍然是城市主要的交通工具。随着自动车的问世，机械化所带来的速度改变了交通模式。很快，城市中的主要交通工具由马车转换为汽车。到现在快速列车如新干线，高速飞行器等已经进入人们生活。从最先的每小时移动不到 20km 到现在每小时 1000km。甚至有人说："整个世界被绑在速度车轮上了"。

过去品尝美食是需要付出时间的。需要等待很多道工序，很多次烹饪才能得到一道菜。就如中国的茶道，标准的茶艺需要十八回：有后火、虾须水（刚开未开之水）、捅茶、装茶和烫杯等顺序和方法。而如今速度化的社会，快餐、速食方便面、速冲茶和咖啡等已经成为人们青睐的对象。原因同样是速度，是速度改变了它们。

速度改变饮食

速度让人们的娱乐活动也有了改变。人们已经不满足以往的平淡和慢节奏的生活。工作要讲究效率，娱乐也讲究速度：快感的迪斯科、蹦迪、飙车，甚至"蹦极跳"、"上网冲浪"等。行为的改变则是由速度促成的。

总结起来，我们要求速度的同时并不一定意味着质量的下降。只是速度直接或者间接地对我们生活起了重要的作用。让我们以一种新的观念，新的态度看待一切。所以，园林设计在速度改变的大环境下也开始思考新的发展方向。

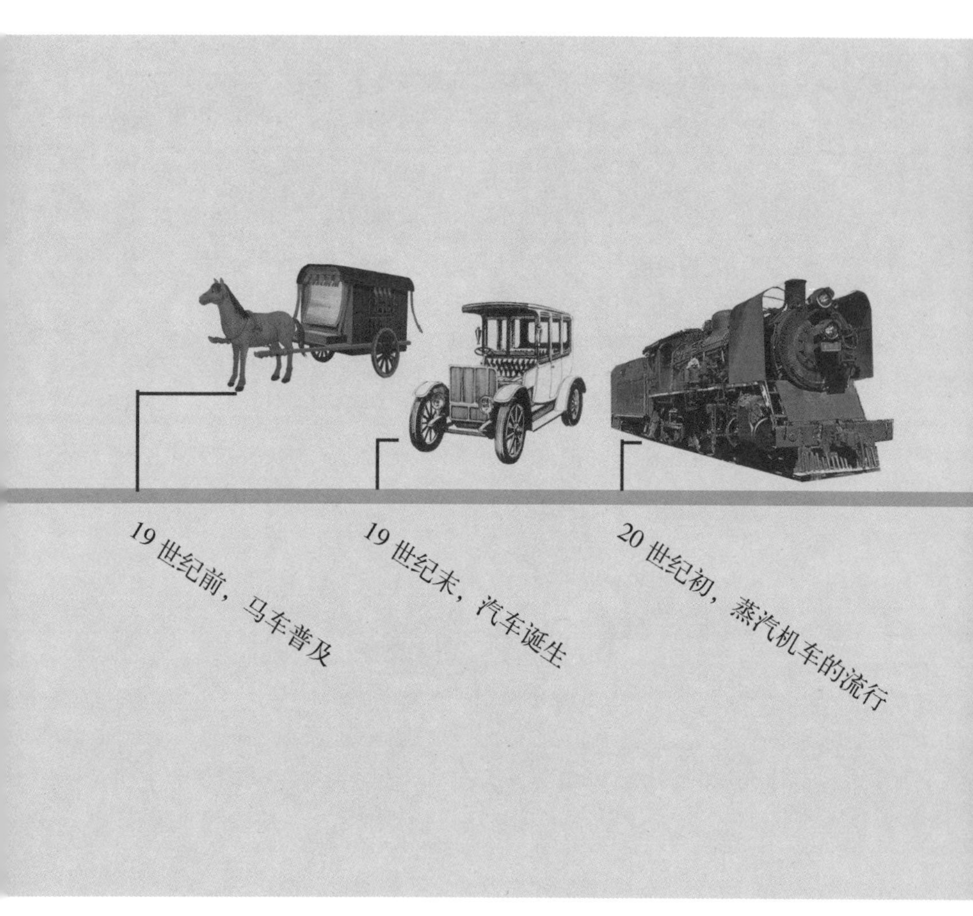
19 世纪前，马车普及
19 世纪末，汽车诞生
20 世纪初，蒸汽机车的流行

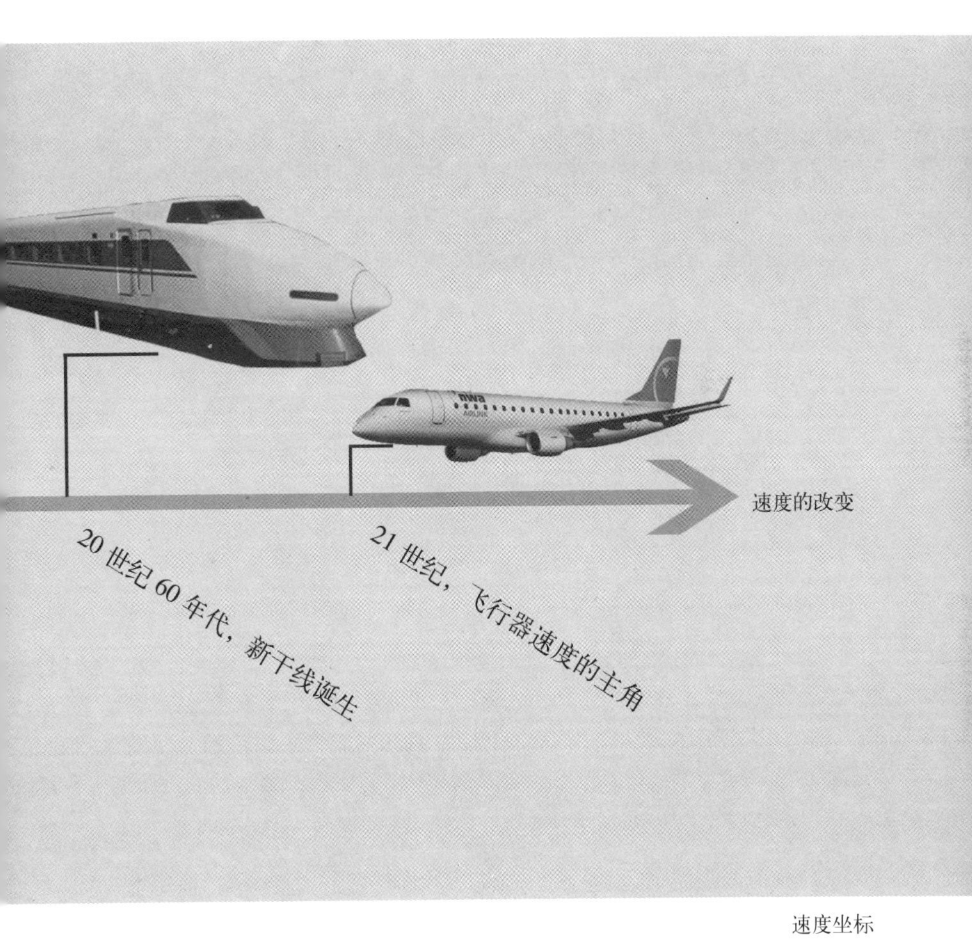

速度坐标

5.2 以往慢节奏园林状态分析

我们谈到速度中的设计，特别是谈到现代生活中快速度带来的设计变革，不可回避地需要谈谈速度变革前慢速度下的传统园林状态。

5.2.1 中国传统园林中的“慢”速度

在中国传统园林中，造园者遵循的基本法则都是以中国古典绘画论中的“外师造化，内发心源”为蓝本再加上造园者自身感情的灌注。而当时社会的总体背景是受传统中庸思想、哲学思维和伦理道德观念的影响，设计者总是想把自我感受和伦理价值运用到造园艺术中。所以在中国古典的方寸之中能够体会到避凡尘，脱世俗。也就是我们所说的它是“本于自然，高于自然”的理想境界。

设计师很多时候希望能够得到使用者的共鸣和认同。所以中国古典园林的造园家们当然也希望园林的使用者能够体会到他们设计之初的所想所思，尽可能地让使用者能够解读自己设下的问题。那么普通使用者如何才能达到这样的要求呢？肯定地说这需要时间来体会园子。这就引出来我们所想谈的中国传统设计中的速度要素。

(1) 平面布局的复杂性

特别是江南园林那种“小桥流水，曲径通幽”。从理论上不可能让游人在短时间欣赏园子的各个部分。中国传统手法采用空间回环相通，道路曲折变幻的手法，使观赏空间与想要表达的景色渐次展开，

传统园林虚实动静的感悟

连续不断周而复始。这样的目的就是为了造成景观丰富和空间丰富。但是需要说明的是：这类似中国画，有一气呵成之妙。它里面的路径迂回曲折，可以增加路程的长度，结果就是延长游览的时间。心理上扩大了空间感的同时是需要时间来感悟的。所以中国传统园林的平面布局显得不是那么容易勾勒和描述，存在着综合多方面的复杂性。对园子的游览、解读和体会，当然也不是那么快速和轻而易举的。

（2）造园手法的深刻体会

中国传统园林融合了许多包括借景、对景、框景、漏景和障景等多重手法，可以说是个复杂的综合体。但是对于它们的理解必须停下速度来感觉。简单地说，比如传统园林中的对景。它需要停下来考虑和掂量主客体之间的视线关系。同时认真地审视对景的角度和方位。再举个例子：障景。同样也是需要停下速度来欣赏和体会。对于在游览道路上或观赏景点上设置的山石、照壁和花木等，需要慢慢品味着这些要素所带来的园林中增添“藏”的韵味。

（3）意境体验的多重性

中国古典园林滋生于东方文化的肥沃土壤中，并深受绘画、诗词和古典文学等影响。为了彰显和表达自我修养和性格，许多园林设计师在造园时将他们独特的理念融入园林景观的设计中。所以中国古典园林从一开始便带有诗情画意般的浓厚感情色彩。这种感情不是轻靠说就能说出来的，也不是写出来就容易读懂的。对于东方人性格中内敛和含蓄的体现，要想理解，必须要静下心慢慢地、仔细地去评鉴。

传统园林造园手法的领会

传统园林空间布局的体验

中国古典山水画指引下的传统园林
（引自：www.nipic.com）

5.2.2 日本传统园林中的“慢”速度

日本园林和中国园林都是东方园林的奇葩，拥有一定的共同点。就日本园林来说，它的美在于它体现出来的精炼、细腻和舒适。对于欣赏日本园林的人来说，日本园林最重要的是抓住了他们的心理。但是同样需要放慢速度来体验和感受。就像日本学者高原容重所说：“作为日本庭园，空间分隔、铺装和景物等要素需要用一定的时间去观察。”

以枯山水为例，它的出现总是以一种看似简单，但是最抽象和深奥的一类庭园。它深层的含义隐藏于它里面每一块石头的质感、布局和构图形式。当然通过它们体现出来的含义和意境需要欣赏者静下心慢慢地去体会。

面对枯山水静思

龙吟庵　云霖庭　南禅寺　八相庭

建于室町时期的龙安寺枯山水庭院，15块石头看似无规则地布置在一个长25m，宽10m的石庭中。其中表达出来的意境和哲理，至今世人都没有完全体会。可谓：长时间的“马拉松式的感悟”。

龙安寺1

龙安寺2

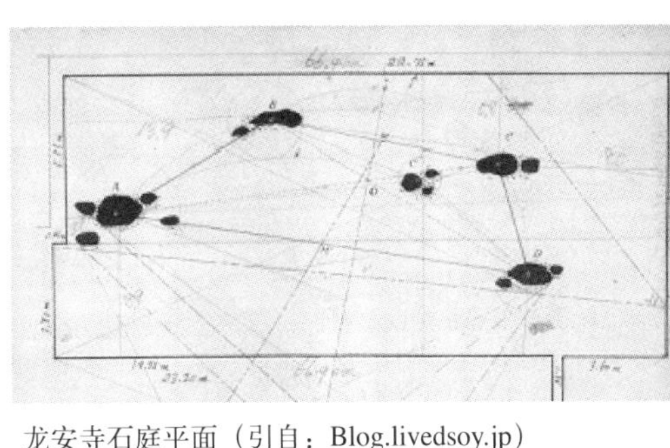

龙安寺石庭平面（引自：Blog.livedsoy.jp）

龙安寺3

日本茶庭 1（引自：www.iecool.com）

日本茶庭 2（引自：Blog.sina.com.cn）

日本茶庭 3（引自：www.25sq.com）

日本茶庭 4（引自：Blog.rinnou.net）

茶庭，日本也叫露地。是源自茶道文化的一种园林形式。茶庭园林一般是在进入茶室的一段空间里，按一定路线布置景观，以拙朴的步石象征崎岖的山间石径，以地上的矮松喻指茂盛的森林，以蹲踞式的洗手钵联想到清冽的山泉，以沧桑敦厚的石灯笼来营造茶道氛围。有很强的禅宗意境。作为日本园林的另一代表，它的产生和发展代表了日本茶道的“和、寂、清、静”。这种感觉的体验就是为了让使用者能够停下脚步，静下凡心。能够忘却俗世中的烦恼、私欲，洗净心中的尘埃。

日本茶庭让使用者能够停下脚步，静下凡心。人们从茶庭里感受到的是静止的心。没有时间的催赶，只有内心的暂时停顿。这样的慢节奏的欣赏态度引出了日本传统园林的性格和特色。也只有慢速度才能品尝出她们的味道和真谛。

日本茶庭 5

5.3 速度背景下的现代景观

在慢速度影响下的生活产生了相应的园林特色。但是随着社会生活的现代化，人们开始对运动和快速度越来越重视。人们的生活也不知不觉由以往的慢节奏生活转入快节奏的生活。随之而来的是人们的生活理念、态度，乃至审美标准和欣赏水平的改变。园林设计当然也随着使用者功能要求和设计者理念表达的改变而改变。

首先让我们想想，在一个城市里面什么地方存在不可忽视的速度要素，大家都会想到交通枢纽中心。日本的城市和中国的不一样。日本的城市中心一般分布在车站附近，那里是城市人流量最多的地方。每天早上和晚上，人们匆匆地进出车站。时间在这个时候显得如此宝贵。速度也成了这里的主题和概念。类似的还有繁忙的空港。

同样，作为城市交通大动脉的高速公路，车中的人视线欣赏速度

地点：东京羽田机场候机大厅
时间：10:30AM

羽田机场的速度

地点：东京品川駅
时间：8:00AM

品川駅的速度

是正常步行速度的20倍以上。传统的设计已经不能满足速度带来的感官方式的变化。在大城市里面上班族的大量增加，在城市商务中心区的园林设计也在悄然地进行变革。首先它们满足的对象在上下班高峰期考虑的是如何快速地到达目的地。如果运行的过程中有障碍物，他们会反感这些的存在。那么运行过程中视线范围内的园林设计如果成为障碍物或者带来心理上的负担，这样的设计是失败，是不适应现代速度下的大环境的。下面的图是我们选择的一些具有代表性的城市中存在速度的场所。在现代生活中，很多场合下人们都不可能总是按照以往正常的步行速度，也就是说不可能以慢速度的条件下去使用，欣赏周围的事物。为了能够协调新的速度带来的变革，园林设计界也一直在探索讨论这个话题，如何能够将设计与快速度相协调结合，如何将速度要素体现在现代设计中。我们先看看下面两个案例吧。

人正常的步行速度：1m/s

地点：东京银座三井住友大厦前

时间：8:30AM

1.5m/s

银座的速度

地点：东京首都高速

时间：9:30AM

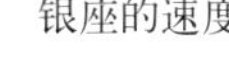

首都高速的速度

如果面对一些存在快速度要素的场所，我们依然沿用传统日本园林的意境感受和传统中国园林空间的复杂变换等手法，这就像阻碍一个着急赶时间的人前往目的地，这当然会因为耽误而引起反感。我们需要把速度作为设计的思考点。先看看第一个案例，东京都丰岛区池袋电车站位于东京著名的山手线上，是东京都最繁忙的车站之一。我们选择的案例是位于池袋站西口和东京艺术剧场前的池袋西口广场。

池袋西口广场只简单地使用了雕塑、乔木、喷泉和少许休息设施构建出一个简单的平面图。没有复杂的空间变化，更多的空间是开放和流畅的。广场的平面布局采用同心圆构图形式，具有一定视线向心作用。流畅和易解读的圆形线条能够让使用者在快速移动中感受到现代平面构图的清晰和明快。在速度中的人们可以很快做出选择：是离开还是停留。

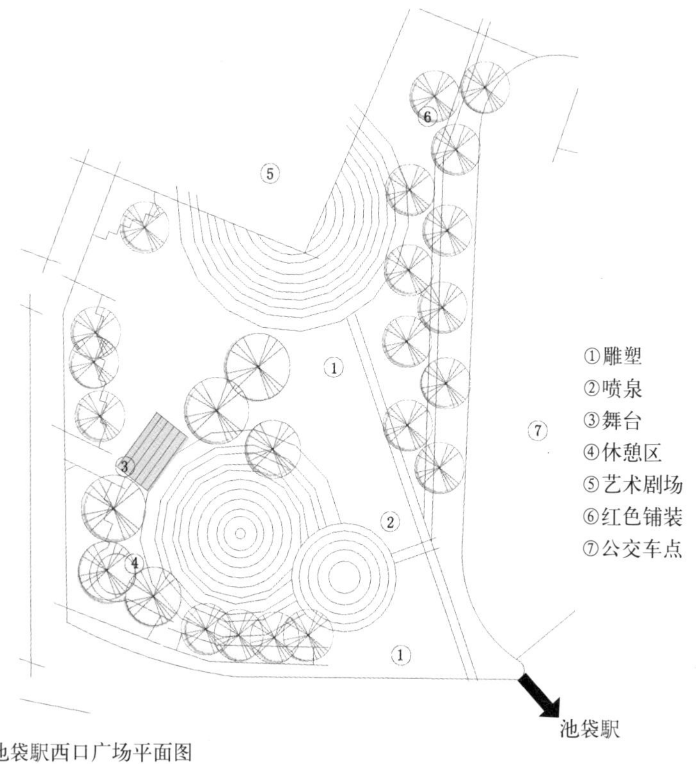

池袋駅西口广场平面图

广场入口

广场内景

广场同心圆构图

广场舞台

广场的使用者大多是前往池袋站，或者从池袋站前往附近区域的。池袋西口公园没有什么特殊的主题，没有创造什么特殊的意境，这是一个速度中的广场，目的就是为了适应当下的速度。在速度中广场满足了使用者需要的功能：快速通行，明确的指引方向，能够提供视觉放松等。

广场休息设施

红色的铺装直接明了地为使用者指引了前进的方向，可以前往公交车站、东京艺术剧院及其周围。红色铺装两旁的行道树更加明确了方向的指引。使用者能够第一时间领会设计者的意图。

广场中的喷泉和现代雕塑节奏轻快，和周围环境十分协调，而且处于开敞的空间视野中。在没有任何障碍物的影响下，能够被广场的使用者所欣赏，提高了广场的文化价值。

广场公交点

红色指引铺装

指引到东京艺术剧场

指引到公交车站

指引到西池袋

广场艺术品

从这个设计案例我们能够看出，使用这里的人关心的是如何快速到达自己的目的地。设计者同样领会了速度将是这里的主角。通过简单的平面构图和明晰的铺装指引着使用者前进。同时开阔的视线范围和空间，能够带给使用者轻松而非压抑的感受。同样广场上通过放置一些轻松的如喷泉、雕塑等景观元素，希望能够给忙碌中的行人带来视觉瞬间的放松。速度中的人们在这里找到了适合他们五感放松的园林景观设施。这可以说是在新的使用功能背景下，适时适地的速度参与下的设计案例。

接下来我们看一个高速公路景观设计的例子。2006年澳大利亚的墨尔本高速公路设计——克雷吉波恩通道设计（Melbourne High Speed Design——Craigieburn Bypass Design）荣获了AILA维多利亚景观建筑优秀奖。不同于其他的道路景观设计，高速公路的周边景观设计很多程度上受到了速度这一特殊要素的影响。所以该项目的设计灵感来源于对场地速度的诠释和对使用者高速驾驶时景观欣赏的全新理解。

高速公路景观（引自：《景观设计》2007年第5期）

高速公路具有距离长而视点又相当远的速度运动特征。在设计时应重视视觉感官的变化。所以通过速度理念下的序列、节奏和韵律等法则在景观设计中的应用，这是取得丰富动感和变化又统一的景观效果的重要手段。设计者根据这一原理，在路边设计了一些金属墙面。随着高速公路波浪起伏，当司机高速行驶的时候，会感到视觉图案的变化，仿佛这种材质墙面也随着高速度运动起来。

金属墙面（引自：《景观设计》2007年第5期）

蓝色波浪形栏杆
（引自：《景观设计》2007 年第 5 期）

在高速公路速度设计中，人的视点一直在以相当的速度运动，对景观的视觉感受也在不断地改变。在高速公路的一侧，设计者将高大的可旋转的蓝色金属杆与半透明丙烯画板结合在一起。它们并不是简单地竖立在路边，而是从外部向不同方向延伸，构成一种波浪形图案不断抬升。高速移动的使用者将体会到独一无二的垂直视觉效果。

细心的设计者们对速度的理解还体现在对道路外景观的巧妙运用。如果高速行驶的视线沿着前进的方向，视线正方的画面将为惟一灭点。这将在速度运动中保持不动，而相应的两侧景物则转瞬即逝。设计者通过将墙面抬升并将道路两边结合在一起形成U型天桥。高速行驶的时候，这个拥有曲线美的桥洞将远处的景观定格下来，能让使用者高速行驶的时候不费力地欣赏到壮观的空中轮廓。

U型天桥侧面
（引自：《景观设计》2007年第5期）

整个设计从始至终牢牢抓紧速度这个要素。通过对高速度中人五感欣赏习惯特点的理解，创造出别具一格的速度景观。设计师们成功地将速度变为激活使用者思维和视线的兴奋剂，让高速公路中行驶的人感受到这并不是简单的高速公路，而是富有动感速度的高品质景观大道。

U型天桥
（引自：《景观设计》2007年第5期）

5.4　面对速度，我们能做什么？

5.4.1　速度对设计的新启示

速度参与的设计能够给我们新的启示：是否存在这样一种可能，随着速度化的进程，人们开始审视现实中的一切，包括对园林景观体验和感受的方式。这将揭示速度对新环境下园林设计的新启示。

人们面对繁重的来自各个方面的压力，对园林的需求从最先的追求空间多重变化，感受其中的历史文化内涵和思维意境内涵到现在简单地视觉、听觉等五感的放松和解脱。我们不可否认，速度在其中扮演了重要的角色。任何类型的景观都以具体的物质形式存在，并具有相应的功能。但景观的形态与功能并非总是等量齐观、协调一致的。纵观园林设计的发展过程，可以看出设计的重心从形态转向功能（包括社会功能和生态机能）具有历史的必然性和合理性。同样在现代速度的影响下，满足现代生活快节奏带来的使用功能的变化也是园林设计对现代生活中速度变化的一种必然反应和结果。功能的改变带来了速度影响下园林表达形式、语言的改变。这是设计者通过园林设计表达出的对速度新的诠释和理解，也是速度对新环境下的园林设计新的启示。

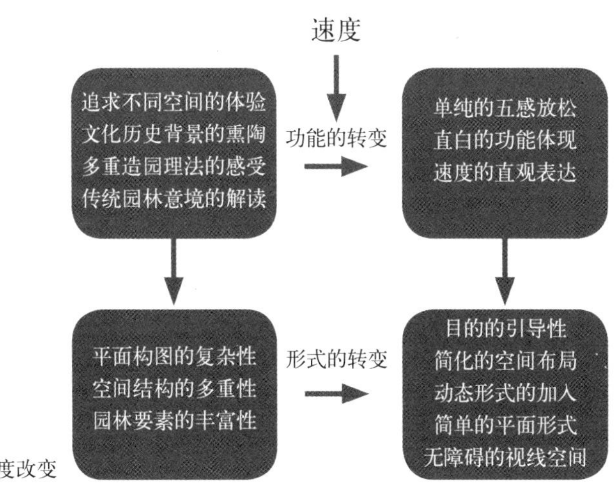

速度改变

5.4.2　速度带来的设计变革

在速度环境的背景下，在新的设计理念和新的功能指引下，我们应该仔细地思考一个问题：如何在现实的设计中，做出我们对速度的反应。也就是应该思考在拥有速度的场地中，存在着哪些设计改变的可能性：

(1) 设计形式的改变

直线型、爽快型线条、柔和的曲线和弧线等。形式的改变能够带来使用者心理的放松和视觉的放松。能够让速度中的人们清晰明白地使用场地，达到场地功能表达的目的。而不需要因为复杂的构图形式而花费很多时间和精力去考虑场地的设计目的和考虑如何能够得到功能的满足。这就是速度要求下的改变。

设计形式的改变

明快式直线型构图　　流畅式曲线型构图　　向心式圆环型构图

设计形式的改变

(2) 设计主题的改变

由于速度催促着人们欣赏园林景观的脚步。颜色主题、造型主题、涂鸦主题、体育运动主题和植物主题（园艺疗法、森林疗法）等符合现实生活。简单、明确的主题甚至无主题开始成为新环境下设计的内容。不寻求意境的深层次地感受和体验，让使用者能够第一时间知道场地告诉他们什么，简洁地表达一切。

设计主题的改变

（3）设计细部的改变

设计细部的改变体现在道路铺装和园林设施等园林要素的材质、质感或色彩上面，或者不同空间之间的过渡、视线空间规划、植物配置方式等方面。以往复杂的细部处理过程会被慢慢地简化，强调的主旨会被慢慢淡化。明快的色彩、简明的外部形象、清晰的材质体现和功能性细部的增加成为与快速度相互呼应的表达方式。

清晰的细部材质

流动的空间布局

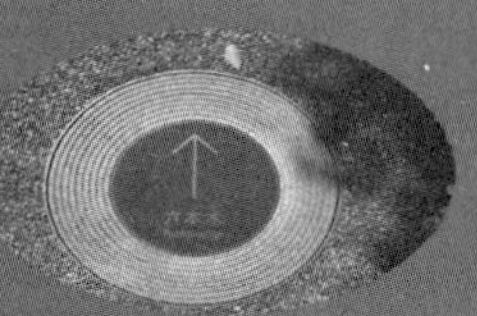

功能性细部的增加

明快的细部色彩

简洁的植物配置

简明的细部外形

设计细部的改变

(4) 表达意境的改变

对于以往需要慢嚼慢品的古典园林来说，意境是艺术作品借助形象所达到的一种意蕴和境界。意境的表达是造园者们通过造园来抒发自己的内心活动世界。对这种内涵的意境表达，造园者不会用文字写出来，也就是只能意会不能言传，而意会需要时间的锤炼。然而在新的速度背景下，园林意境开始向一种快速、敏感和简洁的表达形式发展。也就是从过去的深层意境的感悟转变简单的表层意境感悟。表达的就是一句话：速度我们不能阻挡，我们只能适应。

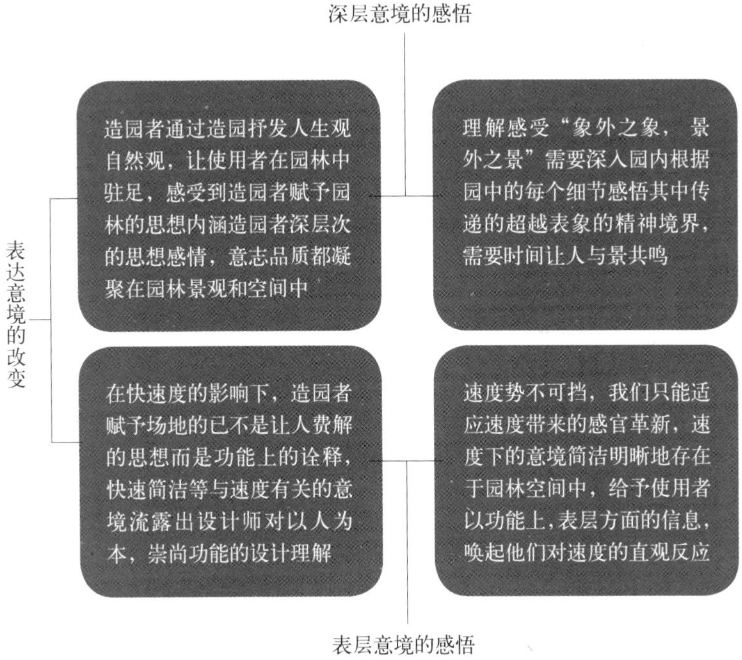

深层意境的感悟

表达意境的改变

造园者通过造园抒发人生观自然观，让使用者在园林中驻足，感受到造园者赋予园林的思想内涵造园者深层次的思想感情，意志品质都凝聚在园林景观和空间中

理解感受“象外之象，景外之景”需要深入园内根据园中的每个细节感悟其中传递的超越表象的精神境界，需要时间让人与景共鸣

在快速度的影响下，造园者赋予场地的已不是让人费解的思想而是功能上的诠释，快速简洁等与速度有关的意境流露出设计师对以人为本，崇尚功能的设计理解

速度势不可挡，我们只能适应速度带来的感官革新，速度下的意境简洁明晰地存在于园林空间中，给予使用者以功能上，表层方面的信息，唤起他们对速度的直观反应

表层意境的感悟

表达意境的改变

（5）动态景观的引入

既然这是个充满速度的社会，我们同样可以在相对静止的园林布局中引入动态景观。比如在地铁里面一些运动中的广告版，动态效果的显示屏以及广场上的动态广告屏，或者灯光景观的连续色彩变换和图案动态表达等。使用者通过它们能够感受到速度的存在，可以烘托动态氛围。

地铁中的动态广告

色彩动态照明景观

动态景观的引入

广场上的活动广告牌

图案动态照明景观

动态景观的引入

(6) 新时代科学技术的运用

目前，高科技已经在社会各个层面发挥重要的作用。园林设计中同样也开始加入高科技的成分。作为速度的载体，速度的动态表现可以通过对高科技的引入而达到。比如媒体的使用，能够让使用者在短时间内对场地背景，内容等进行了解。还有快速运输工具的使用，能够让3小时走完的场地用1小时完成游览。对于速度的理解和反映，科学技术为园林设计提供了一条新的途径。

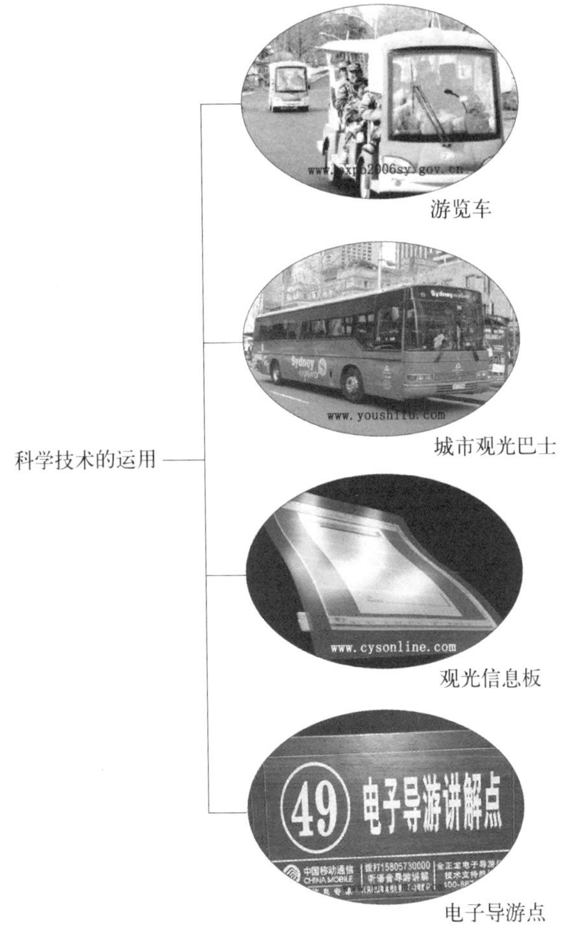

科学技术的运用

5.5 现代生活的新声音：Slow Space！

这似乎是一种戏剧性的变化。速度加快的大氛围下，有人却提出了一个新的概念：即便是速度加速，我们也要构建 Slow Space。甚至现在有人提出：城市慢规划。

的确，除了本书所谈到因为对快速度的反应而引发的设计改变外，同样一些人开始反过来关注快速度下的慢节奏生活。所以 Slow Space 是现代人面对快节奏、高强度生活的一种反思。引导人们重新思考自己的生活，由此回忆过去“慢”生活方式。这样就产生了以缓解快节奏生活给人们带来的焦灼和疲惫为目的，倡导与快速度相对的生活方式和生活空间。

这或许也是将来发展的一个趋势。本章所谈到的快速度下的设计。只能说是针对现代生活中速度节奏加快后设计本身就适应快速度带来的人感官欣赏观念等改变而做出的反应。

Slow Space

这是一个通过“速度”衡量的社会。虽然我们必须承认“快速度”会让我们失去一些东西。但是面对这个现实，我们不能逃避。落实到园林设计这个层面上来说，有别于过去的一些传统造园思想和理念。不管是对于使用者功能要求的改变，或者是造园者本身设计思维的改变。面对速度加快这一背景，园林设计应该对于速度有新的反映和表达。

记得看过一篇文章叫着《速度与景观的铁笼》，文章的内容其实与园林专业无关，但是在文章中对有句话印象很深刻：我们旅行得越多越快，我们经历得就越少。火车发明之初，人们把它喻作子弹。坐火车旅行有被发射出去的感觉，我们在火车中穿过风景，看和听到的都转瞬即逝。在子弹中的旅行者不再是旅行者，而成了被输送出去的包裹。（引自：速度与景观的铁笼——论贾樟柯的《世界》，作者：张历君）这段话很现实地道出了园林景观欣赏与快速度之间的辩证关系。那么园林设计师们是否应该面对这个关系给出解决的方案呢？

本章中，我们面对这一趋势谈出了自己的观点，能够给大家提供一个参考这也算是我们的一个小小心愿吧！

鸟瞰东京

参考文献

[1] 章俊华．内心的庭园——日本传统园林艺术，云南大学出版社，2000.

[2] 刘庭风．日本园林教程，天津大学出版社，2007.

[3] 包兆会．后现代景观下的速度．读书，2002.

[4] 包兆会．速度对视觉经验的挑战和影响．文学前沿，2002.

后记

继《landscape 思潮》、《landscape 思考》、《landscape 感性》之后，环境文化研究会又迎来新书《landscape 感悟》的出版。本书以 landscape 专业的边缘领域“排污权交易制度”、“ 责任时代”、“ 信息媒体”、“速度”等方面的内容阐述作者的解读，并力争表现出最真实的“感悟”，但也必有不尽如人意之处。

在编写过程中得到了中国建筑工业出版社杜洁、白玉美的鼎力支持，在此表示衷心的感谢！同时感谢在图书发行过程中给予大力支持的北林苑景观及建筑规划设计院的何昉院长，感谢直接参与编写工作的张安，高若飞，张清海，张云路。最后还要对研究室的全体学生及北京源树景观规划设计事务所的白祖华、胡海波、张鹏及参与相关项目设计的全体人员的大力支持表示衷心的感谢。

此书之后，我们正在计划出版《landscape 资产》作为本系列书籍的结束。希望本书能够给每位读者带来的不仅仅是图文并茂的记述，而是提供更多视角、多层面的感悟认识的话，那正是著者的初衷。

章俊华
2010 年 6 月于千葉松户

Landscape 思潮

环境文化学研究会
章俊华 著

国 32 开，236 页，定价 23 元，出版时间 2008.5

所谓“思潮”就是一个时期的一种世界观，从专业上讲就是当今国际较关注的焦点。出版形式为基础理论篇 + 实践篇。这些“思潮”实际上是对现有设计、概念、理念的充实，在通常的设计过程中赋予更多的思考层次、更丰富的功能体系、更深厚的文化内涵、更完美的自然融合，更精彩的活动体验。

《Landscape 思潮》旨在阐述规划设计行业中最为注目的 5 个理念，或称之为思潮的概念及产生的过程、意义、特征、类型、魅力、效果，可能性及在规划设计中的实践。

1. 园艺 · 森林疗法
2. 五感
3. 生物生境
4. 里山
5. 区域经营型绿色观光产业

Landscape 思考

环境文化学研究会
章俊华 著

国 32 开，280 页，定价 28 元，出版时间 2009.2

“与自然共生”一直被誉为我们每位设计师的准则。近年来，随着中国经济的迅猛发展,城市建设方面也发生了翻天覆地的变化。由此也带来了城市的无序扩张、生态系统的破坏、动植物的绝迹……诸多问题。温家宝总理在“十一五”计划中明确提出创建和谐社会的发展方针，为此行业中也开始提倡和谐社会、和谐环境的发展原则。在这种情况下，如何重新审视园林、景观设计的真谛，成为行业中最引人注目的话题。

《Landscape 思考》一书将从 6 方面阐述了作为神圣职业的设计师的换位思考。

1. 是创造成环境，还是培育环境
2. “农”的启示
3. 大自然的警告
4. 都市文化——识、守、育
5. 日本美的探求
6. 有趣的发现

Landscape 感性

环境文化学研究会

章俊华　　著

国 32 开，278 页，定价 32 元，出版时间 2010.1

进入 21 世纪，场地的艺术化渐渐被人们所关注。从单纯的景观空间的创造，转化为赋予设计更多层次的含意，并承担着解决某些社会问题的职责。始于 2008 年秋季的全球金融风暴，使得全球性的能源危机与环境破坏成为世界面临的两大焦点。奥巴马在其就职演说中也提到：今后人类追求的是一个新的“责任时代”。实际上，从几年前开始国际社会中已经注重强调“企业的社会责任”。并将成为今后人们探讨的热门话题。

《Landscape 感性》一书将从以下 5 个方面阐述不仅仅再现那些“看得见”的事物，而是让那些事物通过作品能够被人们“看得见”。

1. 社会、经济 & 艺术、Landscape 百年录
2. 设计师的职责
3. 感觉　感想　感悟
4. 和之心　和之技
5. 共生——景观与建筑

Landscape 资产

环境文化学研究会

章俊华　　著

国 32 开，320 页，预出版时间 2012.1（新书预告）

当今的时代，在社会改革、科学技术发展的基础上建立起来的生活环境，并不一定就是人类所期待的家园。人类不断得以提高的生活水平，实际上是在追求物质上的便利性和快适性的满足。然而生活本身的含意到底怎样去解释？渴望自然是人类的天性，那种轻松、愉快的昔日生活方式，传统习俗的再现等生活文化在精神上的追求，不正是理想中的生活环境吗！都市文明的活动恰是故乡再现的一种表现。这些传统空间的场所被称为现今的 Landscape“资产”。

《Landscape 资产》一书将从以下 4 个专题，通过详尽的文献及现场调查，以第一手的现场数据，分析考察诸传统空间表现和其特征。

1. 平遥城空间构成及表现
2. 上海租界公园空间构成及表现
3. 颐和园空间构成及表现
4. 承德避暑山庄空间构成及表现

图书在版编目（CIP）数据

LANDSCAPE感悟/环境文化学研究会 章俊华著.
—北京：中国建筑工业出版社，2010.10
ISBN 978-7-112-12305-6

Ⅰ.①L… Ⅱ.①环… Ⅲ.①景观-设计-中国
Ⅳ.①TU986.2

中国版本图书馆CIP数据核字（2010）第143480号

责任编辑：杜 洁
责任设计：董建平
责任校对：王 颖 陈晶晶

LANDSCAPE感悟

环境文化学研究会
章俊华
著

*

中国建筑工业出版社出版、发行（北京西郊百万庄）
各地新华书店、建筑书店经销
北京嘉泰利德公司制版
北京中科印刷有限公司印刷

*

开本：880×1230毫米 1/32 印张：9¼ 字数：296千字
2011年1月第一版 2011年1月第一次印刷
定价：35.00元
ISBN 978-7-112-12305-6
（19570）

版权所有 翻印必究
如有印装质量问题，可寄本社退换
（邮政编码 100037）